# 中华人民共和国气候变化
# 第二次两年更新报告

生态环境部应对气候变化司 编

中国环境出版集团 · 北京

图书在版编目（CIP）数据

中华人民共和国气候变化第二次两年更新报告 ／ 生态环境部应对气候变化司编. -- 北京 ： 中国环境出版集团，2022.1
ISBN 978-7-5111-5033-2

Ⅰ. ①中… Ⅱ. ①生… Ⅲ. ①气候变化－研究报告－中国 Ⅳ. ①P468.2

中国版本图书馆CIP数据核字（2022）第021132号

出 版 人　武德凯
责任编辑　韩　睿
责任校对　任　丽
封面设计　王春声

出版发行　**中国环境出版集团**
　　　　　（100062　北京市东城区广渠门内大街 16 号）
　　　　　网　　　址：http://www.cesp.com.cn
　　　　　电子邮箱：bjgl@cesp.com.cn
　　　　　联系电话：010-67112765（编辑管理部）
　　　　　发行热线：010-67125803，010-67113405（传真）
印　　刷　北京中科印刷有限公司
经　　销　各地新华书店
版　　次　2022 年 1 月第 1 版
印　　次　2022 年 1 月第 1 次印刷
开　　本　880×1230　1/16
印　　张　7
字　　数　130 千字
定　　价　42.00 元

**中国环境出版集团郑重承诺：**
中国环境出版集团合作的印刷单位、材料单位均具有中国环境标志产品认证。

# 序　言

　　《联合国气候变化框架公约》（以下简称《公约》）第 4 条及第 12 条规定，每一个缔约方都有义务提交本国的国家信息通报。中华人民共和国（以下简称中国）作为《公约》非附件一缔约方，积极履行应尽的国际义务和责任，已分别于 2004 年、2012 年和 2017 年提交了《中华人民共和国气候变化初始国家信息通报》《中华人民共和国气候变化第二次国家信息通报》《中华人民共和国气候变化第一次两年更新报告》，全面阐述了中国应对气候变化的主要政策与行动及其相关信息，并报告了 1994 年、2005 年和 2012 年国家温室气体清单。

　　根据 2010 年《公约》第十六次缔约方大会通过的第 1/CP.16 号以及 2011 年《公约》第十七次缔约方大会通过的第 2/CP.17 号决定，非附件一缔约方应根据其能力及为编写报告所获得的支持程度，从 2014 年开始提交两年更新报告，内容包括更新的国家温室气体清单、减缓行动、需求和获得的资助等，并接受对两年更新报告的国际磋商与分析。在 2015 年获得全球环境基金赠款后，中国政府组织国内有关部门和科研机构，根据《公约》第十七次缔约方大会通过的有关非附件一缔约方两年更新报告编制指南，启动了第一次两年更新报告、第三次国家信息通报及第二次两年更新报告的编写工作，经过 3 年多的努力，完成了《中华人民共和国气候变化第二次两年更新报告》。2018 年按照中国国务院机构改革方案，应对气候变化职能由国家发展和改革委员会划转至新组建的生态环境部。此报告在广泛征求意见的基础上，经过多次反复修改，经由国务院授权后，与《中华人民共和国气候变化第三次国家信息通报》一道，由中国应对气候变化主管部门生态环境部提交。

经中国政府批准的《中华人民共和国气候变化第二次两年更新报告》，分为国情及机构安排，国家温室气体清单，减缓行动及效果，资金、技术和能力建设需求及获得的资助，香港特别行政区应对气候变化基本信息，澳门特别行政区应对气候变化基本信息等篇章，全面反映了中国与气候变化相关的国情。本报告给出的国家温室气体清单为2014年数据，其他有关现状的描述一般截至2016年。本报告中香港特别行政区和澳门特别行政区应对气候变化基本信息分别由香港特别行政区政府环境保护署、澳门特别行政区地球物理暨气象局提供。

应对气候变化是人类共同的事业。中国将从基本国情和发展阶段的特征出发，大力推进生态文明建设，实施积极应对气候变化国家战略，把应对气候变化有机融入国家经济社会发展中长期规划，通过法律、行政、技术、市场等多种手段，加快推进绿色低碳发展，主动控制温室气体排放。中国政府也将一如既往地信守应对全球气候变化的承诺，坚持共同但有区别的责任原则、公平原则和各自能力原则，全面落实国家适当减缓行动及强化应对气候变化行动的国家自主贡献，积极参与应对全球气候变化谈判，推动和引导建立公平合理、合作共赢的全球气候治理体系，深化气候变化多双边对话交流与务实合作，支持其他发展中国家加强应对气候变化能力建设，推动构建人类命运共同体。

# 目 录

**第一部分　国情及机构安排 / 1**

第一章　国情 / 3

第二章　国家应对气候变化组织机构 / 8

**第二部分　国家温室气体清单 / 11**

第一章　清单范围和计算方法 / 13

第二章　数据来源 / 17

第三章　2014 年国家温室气体清单 / 20

第四章　质量保证和质量控制 / 28

第五章　已提交清单信息 / 30

**第三部分　减缓行动及效果 / 35**

第一章　控制温室气体排放的主要目标 / 37

第二章　减缓行动及进展 / 38

第三章　重点减缓行动效果分析 / 51

**第四部分　资金、技术和能力建设需求及获得的资助 / 57**

第一章　应对气候变化资金需求及获得的资助 / 59

第二章　应对气候变化技术需求及获得的支持 / 66

第三章　应对气候变化能力建设需求及获得的支持 / 72


第五部分　香港特别行政区应对气候变化基本信息 / 75

第一章　2014 年香港温室气体清单 / 77

第二章　减缓行动及其效果 / 86


第六部分　澳门特别行政区应对气候变化基本信息 / 91

第一章　2014 年澳门温室气体清单 / 93

第二章　减缓行动及其效果 / 100

中国人口众多，幅员辽阔，气候条件复杂，生态环境脆弱，是最易受气候变化不利影响的国家之一。中国政府坚持贯彻"创新、协调、绿色、开放、共享"的发展理念，统筹推进经济建设、政治建设、文化建设、社会建设和生态文明建设，全力推进全面建成小康社会进程。作为负责任的发展中国家，中国政府高度重视全球气候变化问题，建立起了国家、地方及有关部门（行业）层面应对气候变化的组织机构，并建立了比较稳定的技术支撑机构和核心专家队伍，为编制和提交国家信息通报和两年更新报告提供了重要保障。

# 第一章　国　情

## 一、自然条件

### （一）地形地貌

中国地形多种多样，高原、丘陵、山地、盆地和平原等五种基本地形均有分布，地势西高东低，最高一级为平均海拔 4 000～5 000 米的青藏高原。云贵高原、黄土高原、内蒙古高原等与四川盆地、塔里木盆地、准噶尔盆地等平均海拔降到 1 000～2 000 米，构成第二级阶梯。大兴安岭、太行山、巫山、雪峰山一线以东，直至海滨，海拔多在 1 000 米以下，为第三级阶梯。在中国陆地东部分布着渤海、黄海、东海、南海，深度自北向南逐级增加。漫长的海岸线外有宽广的大陆架。

### （二）气候与气候灾害

中国气候复杂多样，东部属季风气候，西北部属温带大陆性气候，青藏高原属高寒气候。中国灾害性天气频繁多发，其中旱灾、洪灾、寒潮、台风等影响较大。北方以旱灾居多，南方则旱涝灾害均有发生。夏秋季节，中国东南沿海经常会受到热带风暴侵袭，以 6—9 月最为频繁。秋冬季节，来自蒙古、西伯利亚的冷空气南下会引发寒潮，造成低温、大风、沙暴、霜冻等灾害。受全球气候变暖影响，2016 年暴雨洪涝、台风、强对流等气象灾害均呈现多发、频发态势。26 省（区、市）出现不同程度的城市内涝，登陆台风次数多且平均强度大，强对流天气多发，有 2 000 多县（市）次出现冰雹或龙卷风天气。

## 二、自然资源

### （一）土地资源

中国土地资源类型复杂多样，耕地、林地、草地、荒漠、滩涂等均有大面积分布，但人均耕地占有量较少。东北平原、华北平原、长江中下游平原、珠江三角洲和四川盆地是耕地分布最为集中的地区，草原多分布在北部和西部，森林主要集中分布在东北、西南和华南地区。截至 2016 年年末，全国共有耕地 13 492.10 万公顷、园地 1 426.63 万公顷、林地 25 290.81 万公顷、牧草地 21 935.92 万公顷。

### （二）水资源

中国水资源时空分布不均衡，在时间分布上具有夏秋多、冬春少和年际变化大的特点，在空间分布上表现为东多西少、南多北少的特点。中国人均水资源量仅为世界平均水平的 1/4。2016 年，中国水资源总量为 32 466.4 亿米³，其中，地表水资源量为 31 273.9 亿米³，地下水资源量为 8 854.8 亿米³（地下水与地表水资源重复量为 7 662.3 亿米³）。

### （三）森林资源

中国森林资源的面积和蓄积量较大，居于世界前列，但人均占有量低于世界人均水平。中国森林资源空间分布不均衡，现有的森林大部分集中在东北和西南地区。由于不同地域气候差异较大，中国森林具有树种多样化的特点。2016 年，中国森林面积 2.14 亿公顷，森林覆盖率为 22.3%，森林蓄积量 163.72 亿米³。

### （四）海洋资源

中国管辖海域面积广阔，全国共有海岛 1.1 万余个。辽阔的海域蕴藏着丰富的海洋生物、海洋矿产、海洋空间、海洋之水和海洋可再生能源等各类资源。中国绝大部分海洋开发活动集中在海岸和近岸海域，远海开发利用不足。2016 年，中国海洋生态环境状况基本稳定，春季和夏季，大多数管辖海域符合第一类海水水质标准。中国已建立各级海洋自然和特别保护区（海洋公园）250 余个，总面积约 12.4 万千米²，新批准建立国家级海洋公园 16 个。

### （五）生物多样性

中国高度重视生物多样性的保护，包括生态系统多样性保护和物种多样性保护。截至 2016 年年底，中国共建立各种类型、不同级别的自然保护区 2 750 个，保护区总面积 14 733 万公顷，其中自然保护区陆地面积约 14 288 万公顷，占全国陆地面积的 14.88%。国家级自然保护区 446 个，面积约 9 695 万公顷，其中陆地面积占全国陆地面积的 9.97%。

## 三、社会与经济发展

中国政府主动适应新形势，转变发展方式，不断提升发展的质量和效益，努力保持中国经济的稳定增长，2016 年国内生产总值增长率为 6.7%，达到 74 万亿元。在促进就业、消除贫困、改善民生、保护环境等领域成效显著。详细汇总见图 1-1 以及表 1-1～表 1-4。

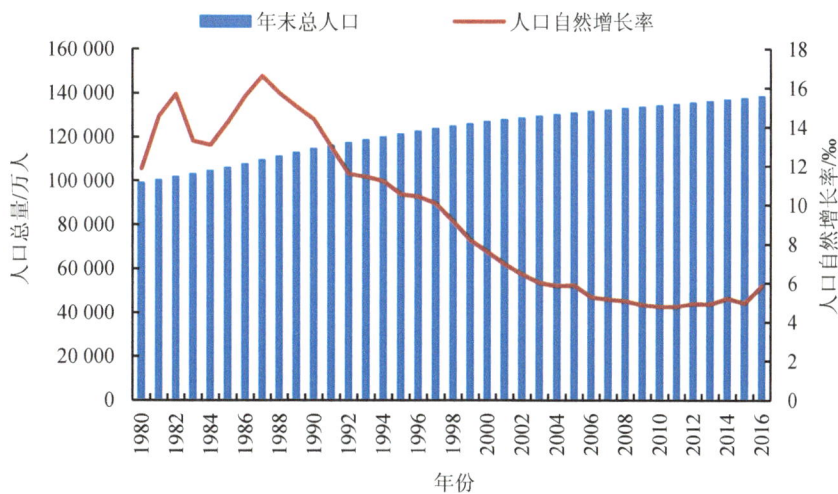

图 1-1　1980—2016 年中国人口总量与自然增长率变化

表 1-1　2016 年中国与世界人口指标对比

| 人口指标 | 中国 | 世界 |
|---|---|---|
| 人口自然增长率/‰ | 5.86 | 11.24 |
| 人口出生率/‰ | 12.95 | 18.89 |
| 人口死亡率/‰ | 7.09 | 7.65 |
| 人均预期寿命/岁 | 76.5 | 71.9 |

数据来源：《中国卫生健康统计年鉴 2018》《中国统计年鉴 2018》；世界银行统计数据库。

表 1-2　中国的就业结构（年底数）

| 就业结构 | 2005 年 | 2010 年 | 2016 年 |
|---|---|---|---|
| 第一产业就业人员/% | 44.8 | 36.7 | 27.7 |
| 第二产业就业人员/% | 23.8 | 28.7 | 28.8 |
| 第三产业就业人员/% | 31.4 | 34.6 | 43.5 |

数据来源：《中国统计年鉴 2018》。

表 1-3　中国交通线路里程　　　　　　　　　　　　　　　　单位：万 km

| | 2005 年 | 2010 年 | 2016 年 |
|---|---|---|---|
| 铁路营业里程 | 7.5 | 9.1 | 12.4 |
| 其中：高速铁路 | — | 0.5 | 2.30 |
| 公路里程 | 334.5 | 400.8 | 469.6 |
| 其中：高速公路 | 4.1 | 7.4 | 13.1 |
| 内河航道里程 | 12.3 | 12.4 | 12.7 |
| 定期航班航线里程 | 199.9 | 276.5 | 634.8 |
| 管道输油（气）里程 | 4.4 | 7.9 | 11.3 |

数据来源：《中国统计年鉴 2006》《中国统计年鉴 2011》《中国统计年鉴 2018》。

表 1-4　中国城镇居民家庭平均每百户年末耐用消费品拥有量

| | 2005 年 | 2010 年 | 2016 年 |
|---|---|---|---|
| 电冰箱/台 | 90.7 | 96.6 | 96.4 |
| 彩色电视机/台 | 134.8 | 137.4 | 122.3 |

| | 2005 年 | 2010 年 | 2016 年 |
|---|---|---|---|
| 空调器/台 | 80.7 | 112.1 | 123.7 |
| 家用电脑/台 | 41.5 | 71.2 | 80.0 |
| 移动电话/部 | 137.0 | 188.9 | 231.4 |
| 家用汽车/辆 | 3.4 | 13.1 | 35.5 |

数据来源：《中国统计年鉴 2006》《中国统计年鉴 2011》《中国统计年鉴 2018》。

# 第二章  国家应对气候变化组织机构

中国政府高度重视应对气候变化的组织机构建设，经过长期持续努力，已经建立起了国家层面和地区、部门（行业）层面的应对气候变化组织机构，并根据工作需要不断完善。在国家信息通报、两年更新报告和国家温室气体清单方面，中国培养了比较稳定的技术支撑机构和核心专家队伍，为编制和提交国家信息通报和两年更新报告提供了组织保障。

## 一、国家层面

国家应对气候变化及节能减排工作领导小组继续负责中国应对气候变化的综合协调工作。2014 年，中国政府成立了由国家发展和改革委员会、国家统计局和科学技术部等部门和行业协会组成的应对气候变化统计工作领导小组，进一步强化了应对气候变化相关统计工作的组织领导。2015 年，国家应对气候变化及节能减排工作领导小组召开会议，讨论通过了中国的国家自主贡献目标文件。国务院视机构设置及人员变动情况和工作需要，对国家应对气候变化及节能减排工作领导小组组成单位和人员进行调整①（图 1-2）。

## 二、地区、部门（行业）层面

中国政府进一步强化了地区和部门（行业）层面应对气候变化工作的组织机构建设。2008 年在国家发展和改革委员会增设了应对气候变化司；2012 年成立了国家应

---

① 资料来源：《国务院办公厅关于调整国家应对气候变化及节能减排工作领导小组组成人员的通知》（国办发〔2013〕72 号）。

对气候变化战略研究和国际合作中心（以下简称国家气候战略中心）。

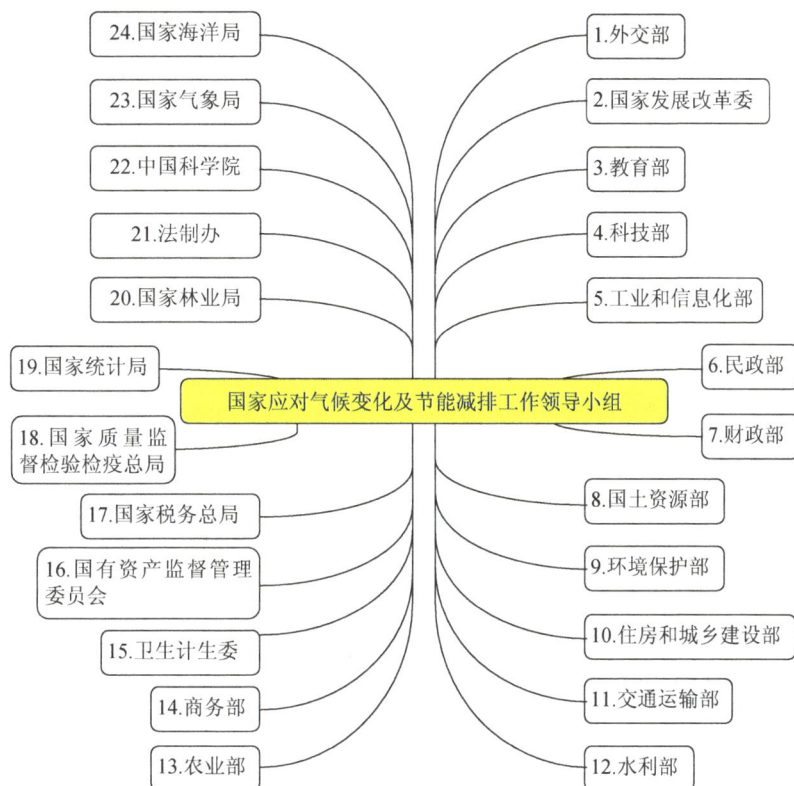

图 1-2 国家应对气候变化及节能减排工作领导小组成员单位

国家应对气候变化及节能减排工作领导小组成员单位作为所属行业的政府主管部门，都明确了应对气候变化工作的部门分管领导，以及本部门应对气候变化工作的主要承担单位，加强了对所属行业协会应对气候变化工作的指导。

各省（区、市）人民政府按照中央政府的要求，相继成立了由省级人民政府主要领导任组长、有关部门参加的省级应对气候变化和节能减排工作领导小组，作为各地方应对气候变化和节能减排工作的跨部门综合性议事协调机构。

随着国家发展和改革委员会增设应对气候变化司，省级地方政府也陆续设立了省级应对气候变化工作主管部门的常设机构。截至 2016 年年底，11 个省级气候变化主管部门设立了应对气候变化处。同时，地方层面的气候变化科研机构建设也得到加强，地方政府应对气候变化决策的科技支撑能力也在不断提升。

## 三、国家信息通报和两年更新报告

编制和提交国家信息通报和两年更新报告，包括国家温室气体清单工作，是《公约》规定的缔约方应该履行的报告义务。自编制和提交《中华人民共和国气候变化初始国家信息通报》以来，中国政府已经建立了国家信息通报编制和报告的国家体系，形成了比较稳定的国家温室气体清单、国家信息通报和两年更新报告编制队伍（表1-5）。根据应对气候变化工作的部门职责分工，报告编制工作由国家主管部门负责，其他相关部门配合，包括提供基础统计数据、协调相关行业协会和典型企业提供资料、建立国家温室气体清单数据库等。中国应对气候变化国家信息通报和两年更新报告编写完成之后，经国家主管部门批准，正式提交《公约》秘书处。

表 1-5   国家信息通报、两年更新报告和国家温室气体清单主要编写单位

| 任务 | 主要参与单位 |
| --- | --- |
| 国家信息通报、两年更新报告和国家温室气体清单总负责 | 国家应对气候变化主管部门 |
| 能源活动温室气体清单 | 国家应对气候变化战略研究和国际合作中心、国家发展和改革委员会能源研究所、复旦大学、中国特种设备检测研究院 |
| 工业生产过程温室气体清单 | 清华大学、环境保护部环境保护对外合作中心 |
| 农业活动温室气体清单（畜牧业） | 中国农科院农业环境与可持续发展研究所 |
| 农业活动温室气体清单（农田） | 中国科学院大气物理研究所 |
| 土地利用、土地利用变化和林业温室气体清单 | 中国林科院森林生态环境与保护研究所、国家林业局调查规划设计院、中国林科院林业新技术研究所、中国农科院农业环境与可持续发展研究所、中国科学院大气物理研究所 |
| 废弃物处理温室气体清单 | 中国环境科学研究院 |
| 国家温室气体清单数据库 | 国家应对气候变化战略研究和国际合作中心 |

　　根据《公约》的相关决定和中国的具体国情，2014 年国家温室气体清单编制和报告范围包括能源活动，工业生产过程，农业活动，土地利用、土地利用变化和林业（LULUCF）、废弃物处理等五个领域中二氧化碳（$CO_2$）、甲烷（$CH_4$）、氧化亚氮（$N_2O$）、氢氟碳化物（HFCs）、全氟化碳（PFCs）和六氟化硫（$SF_6$）的排放。编制方法主要遵循《IPCC 国家温室气体清单编制指南（1996 年修订版）》（IPCC：联合国政府间气候变化专门委员会，以下简称《1996 年 IPCC 清单指南》）、《IPCC 国家温室气体清单优良作法指南和不确定性管理》（以下简称《IPCC 优良作法指南》）和《IPCC 土地利用、土地利用变化和林业优良作法指南》（以下简称《IPCC 林业优良作法指南》），并参考了《2006 年 IPCC 国家温室气体清单指南》（以下简称《2006 年 IPCC 清单指南》）。活动水平数据主要来自官方的统计资料，排放因子优先采用 2014 年的本国参数，其次采用 2010 年国家温室气体清单的相关数据。与 2012 年的清单相比，本次清单增加了活动水平数据相关信息，进一步提高了透明度。

# 第一章　清单范围和计算方法

## 一、关键类别分析

根据《IPCC 优良作法指南》和《IPCC 林业优良作法指南》，清单编制机构采用方法 1 的水平评估、分析了 2010 年国家温室气体清单的关键类别。结果表明，2010 年国家温室气体清单共有 40 个关键类别，包括公用电力和热力、钢铁工业及铁合金铸造、建材制造以及道路交通二氧化碳排放等 19 个能源活动排放源，水泥生产和钢铁生产二氧化碳排放、己二酸生产氧化亚氮排放以及 HCFC-22 生产过程 HFC-23 排放等六个工业生产过程排放源，动物肠道发酵、稻田甲烷排放、农用地氧化亚氮直接排放和间接排放等六个农业活动排放源，固体废物处理和废水处理甲烷排放两个废弃物处理排放源，林地生物质、林地死生物质、农地土壤碳、草地土壤碳等七个吸收汇。这些关键类别在 2014 年国家温室气体清单中都尽量采用层级较高的计算方法以及本国排放因子。2014 年中国各领域温室气体清单计算方法见表 2-1。

表 2-1　2014 年中国温室气体清单主要计算方法

| 排放源/吸收汇类别 | $CO_2$ | | $CH_4$ | | $N_2O$ | |
|---|---|---|---|---|---|---|
| | 方法论 | 排放因子 | 方法论 | 排放因子 | 方法论 | 排放因子 |
| 能源工业 | T2 | CS | T1, T2 | D, CS | T1, T2 | D, CS |
| 制造业和建筑业 | T2 | CS | T1 | D | T1 | D |
| 交通运输 | T2 | CS | T1, T3 | D, CS | T1, T3 | D, CS |
| 其他行业 | T2 | CS | T1 | D | T1 | D |
| 其他 | T2 | CS | T1, T2 | D, CS | T1, T2 | D, CS |
| 固体燃料逃逸排放 | — | — | T1, T2 | D, CS | | |
| 石油和天然气逃逸排放 | — | — | T1, T3 | D, CS | | |
| 非金属矿物制品生产 | T1, T2 | D, CS | — | — | | |

| 排放源/吸收汇类别 | CO₂ | | CH₄ | | N₂O | |
|---|---|---|---|---|---|---|
| | 方法论 | 排放因子 | 方法论 | 排放因子 | 方法论 | 排放因子 |
| 化工生产 | T1，T2 | D，CS | NE | NE | T3 | CS |
| 金属制品生产 | T1，T2 | D，CS | T1 | D | NE | NE |
| 动物肠道发酵 | — | — | T1，T2 | D，CS | — | — |
| 动物粪便管理 | — | — | T1，T2 | D，CS | T2 | D，CS |
| 水稻种植 | — | — | T3 | CS | — | — |
| 农用地 | — | — | NE | NE | T1，T2 | D，CS |
| 农业废弃物田间焚烧 | — | — | T1 | D，CS | T1 | D，CS |
| 林地 | T2 | CS | — | — | — | — |
| 农地 | T3 | CS | IE | IE | IE | IE |
| 草地 | T2 | CS | IE | IE | IE | IE |
| 湿地 | T2 | CS | T2 | CS | NE | NE |
| 建设用地 | T2 | CS | — | — | — | — |
| 其他用地 | T1 | D | — | — | — | — |
| 林产品 | T2 | CS | — | — | — | — |
| 固体废物处理 | T1，T2 | CS | T1，T2 | D，CS | T1 | D，CS |
| 废水处理 | — | — | T1，T2 | D，CS | T1，T2 | D，CS |

注：1. 方法论代码中 T1 代表层级 1 方法，T2 代表层级 2 方法，T3 代表层级 3 方法。

2. 排放因子代码中 CS 代表本国特定排放因子，D 代表 IPCC 缺省排放因子。

3. IE（列于他处）表示此排放源在其他排放源/吸收汇类别计算和报告，NE（未计算）表示对现有源排放量和汇清除没有计算。

4. 并列出现表示该类别下的不同子类别采用了不同的层级方法或排放因子数据来源。

## 二、能源活动

2014 年中国能源活动温室气体清单报告内容包括燃料燃烧和逃逸排放。燃料燃烧覆盖能源工业、制造业和建筑业、交通运输、其他行业及其他，其中，其他行业细分为服务业、农林牧渔和居民生活，其他报告生物质燃料燃烧的甲烷和氧化亚氮排放以及非能源利用的二氧化碳排放。逃逸排放覆盖固体燃料和油气系统的甲烷排放。

燃料燃烧的二氧化碳、甲烷、氧化亚氮排放均采用部门法估算,其中二氧化碳排放计算采用层级 2 方法,同时还采用参考法从宏观上进行总体估算,以校核部门法的结果。除公用电力和热力部门、航空采用层级 2 方法,道路交通采用层级 3 的方法(COPERT 模型)外,其他甲烷和氧化亚氮排放均采用层级 1 方法。煤炭开采和矿后活动甲烷逃逸排放采用层级 1 和层级 2 相结合的方法,油气系统甲烷逃逸排放采用层级 1 和层级 3 相结合的方法。

## 三、工业生产过程

2014 年中国工业生产过程温室气体清单报告内容包括非金属矿物制品生产、化工生产、金属制品生产、卤烃和六氟化硫生产以及卤烃和六氟化硫消费的温室气体排放,与 2012 年国家温室气体清单的报告范围一样。玻璃、合成氨、纯碱、铁合金、镁和铝生产过程以及铅锌冶炼过程的温室气体排放,采用《2006 年 IPCC 清单指南》,其他排放源采用《1996 年 IPCC 清单指南》和《IPCC 优良作法指南》,多数排放源采用层级 2 方法,详见表 2-1。

## 四、农业活动

2014 年中国农业温室气体清单报告内容包括动物肠道发酵甲烷排放、动物粪便管理甲烷和氧化亚氮排放、稻田甲烷排放、农用地氧化亚氮排放以及秸秆田间焚烧甲烷和氧化亚氮排放,报告范围同 2012 年国家温室气体清单。动物肠道发酵和粪便管理的关键源采用《1996 年 IPCC 清单指南》层级 2 方法,其他排放源采用层级 1 方法计算,稻田甲烷排放和农用地氧化亚氮排放采用本国模型计算,农业废弃物田间焚烧甲烷和氧化亚氮排放采用《1996 年 IPCC 清单指南》层级 1 方法,见表 2-1。

## 五、土地利用、土地利用变化和林业

2014 年中国土地利用、土地利用变化和林业温室气体清单报告范围包括林地、农地、草地、湿地、建设用地和其他土地等六种土地利用类型的温室气体排放和碳吸收汇。每一种土地利用和土地利用变化类型都根据实际情况分别估算其地上生物量、地下生物量、枯落物、枯死木和土壤有机碳这五大碳库的碳储量变化。农地土壤有机碳储量变化采用层级 3 方法，林产品碳储量变化采用"生产法"进行评估，其他碳库（除其他用地外）的地上生物量、地下生物量、枯落物、枯死木和土壤有机碳库的碳储量变化，采用《IPCC 林业优良作法指南》中的层级 2 方法进行评估，湿地甲烷排放采用层级 2 方法，见表 2-1。

## 六、废弃物处理

2014 年中国废弃物处理温室气体清单报告内容包括固体废物填埋处理、废水处理以及废弃物焚烧处理，报告范围与 2012 年国家温室气体清单相同。固体废物填埋处理温室气体排放采用《1996 年 IPCC 清单指南》层级 2 方法，废水处理采用了《1996 年 IPCC 清单指南》和《IPCC 优良作法指南》推荐方法，废弃物焚烧处理采用《2006 年 IPCC 清单指南》层级 1 方法，见表 2-1。

# 第二章　数据来源

## 一、能源活动

2014 年中国化石燃料燃烧的活动水平数据主要来自国家统计局以及其他相关部门，煤炭、石油和天然气消费量分别为 27.93 亿吨标准煤、7.41 亿吨标准煤、2.43 亿吨标准煤，见表 2-2。

表 2-2　2014 年主要能源活动水平数据

| 活动水平 | 数值 | 活动水平 | 数值 |
|---|---|---|---|
| 煤炭消费量/亿 t 标准煤 | 27.93 | 井工开采煤炭产量/亿 t | 32.92 |
| 石油消费量/亿 t 标准煤 | 7.41 | 天然气开采集气系统/万个 | 0.93 |
| 天然气消费量/亿 t 标准煤 | 2.43 | 秸秆消费量/亿 t 标准煤 | 1.32 |

生物质燃烧的活动水平数据来源有《中国农业统计年鉴 2015》等。煤炭逃逸排放的活动水平数据主要来自《中国煤炭工业年鉴 2015》。油气系统逃逸排放的活动水平数据主要来自《中国石油化工集团公司年鉴 2015》等。固体燃料的二氧化碳排放因子、道路交通甲烷和氧化亚氮排放因子等相关数据，根据 2014 年的实际情况进行了更新，其他排放源的排放因子与 2010 年国家温室气体清单相同。

## 二、工业生产过程

2014 年中国水泥熟料、粗钢和原铝产量来源于国家统计局，合成氨产量主要来源于《2015 中国化学工业统计年鉴》，石灰产量来源于中国石灰协会估算，硝酸产量来源于全国化工硝酸盐技术协作网调查，己二酸、硅铁合金和 HCFC-22 产量来源于企业调研，主要工业生产过程的活动水平数据见表 2-3。水泥熟料、合成氨、己二酸和 HCFC-22 的排放因子为通过典型企业调研方法所取得的 2014 年本国数据，其他排放源的排放因子则采用 2010 年国家温室气体清单数据或《2006 年 IPCC 温室气体清单指南》缺省值。

表 2-3　2014 年主要工业生产过程活动水平数据

| 活动水平 | 产量/万 t | 活动水平 | 产量/万 t |
|---|---|---|---|
| 水泥熟料 | 140 865 | 硅铁合金 | 615 |
| 粗钢 | 82 231 | 原铝 | 2 886 |
| 合成氨 | 5 700 | HCFC-22 | 62.4 |

## 三、农业活动

2014 年中国农业活动的活动水平数据主要来源于《中国农业统计年鉴 2015》《中国统计年鉴 2015》《中国畜牧业年鉴 2015》以及第三次农业普查结果，主要活动水平数据见表2-4。农田氧化亚氮的直接排放因子以及奶牛、肉牛、水牛、绵羊和山羊肠道发酵，猪、肉牛、奶牛等主要动物粪便管理和稻田等类别的甲烷排放因子均采用 2014 年的本国数据，其他排放源的排放因子则采用 2010 年国家温室气体清单数据。

表 2-4　2014 年主要农业活动水平数据

| 活动水平 | 数值 | 活动水平 | 数值 |
|---|---|---|---|
| 奶牛存栏量/万头 | 1 128 | 绵羊存栏量/万只 | 16 224 |
| 肉牛存栏量/万头 | 6 033 | 生猪存栏量/万头 | 47 160 |
| 水牛存栏量/万头 | 1 847 | 氮肥消费量/万 t 氮 | 2 393 |
| 山羊存栏量/万只 | 14 168 | 复合肥折纯消费量/万 t | 2 116 |

## 四、土地利用、土地利用变化和林业

2014 年中国土地利用、土地利用变化和林业清单的编制采用了全国第 6～9 次森林资源连续清查的资料数据，并根据各省（区、市）的实际清查年份，采用内插或外推法获得 2014 年各省（区、市）的活动水平数据，然后通过加总处理来得到全国的数据，见表 2-5。林地清单的排放因子和农地土壤碳的排放因子采用当年的本国数据。

表 2-5    2014 年土地利用、土地利用变化和林业的主要活动水平数据

| 活动水平 | 面积/万 hm² | 活动水平 | 面积/万 hm² |
|---|---|---|---|
| 乔木林 | 17 015 | 农地面积 | 13 506 |
| 竹林面积 | 632 | 草地面积 | 28 656 |
| 疏林地面积 | 357 | 湿地面积 | 3 973 |
| 灌木林地面积 | 7 363 | 建设用地面积 | 3 723 |

## 五、废弃物处理

2014 年中国废弃物处理的活动水平数据来源于《中国城市建设统计年鉴 2014》和《中国环境统计年鉴 2014》等，主要活动水平数据见表 2-6。固体废物处理排放因子采用 2014 年的本国数据，其他排放因子采用 2010 年国家温室气体清单数据以及《IPCC 优良作法指南》《2006 年 IPCC 清单指南》提供的缺省值。

表 2-6    2014 年主要废弃物处理活动水平数据

| 活动水平 | 数值/万 t |
|---|---|
| 城市生活垃圾填埋处理量 | 10 744 |
| 废弃物焚烧量 | 5 330 |
| 废水排放 COD 总量 | 2 295 |

# 第三章  2014 年国家温室气体清单

## 一、温室气体清单综述

2014 年中国温室气体排放总量（包括 LULUCF）为 111.86 亿吨二氧化碳当量（表 2-7），其中二氧化碳、甲烷、氧化亚氮、氢氟碳化物、全氟碳化物和六氟化硫所占比重分别为 81.6%、10.4%、5.4%、1.9%、0.1%和 0.6%（表 2-8）。土地利用、土地利用变化和林业的温室气体吸收汇为 11.15 亿吨二氧化碳当量，如不考虑温室气体吸收汇，温室气体排放总量为 123.01 亿吨二氧化碳当量。全球增温潜势值采用《IPCC 第二次评估报告》中 100 年时间尺度下的数值（表 2-9）。2014 年中国温室气体总量及构成见表 2-10 和表 2-11。

表 2-7  2014 年中国温室气体总量    单位：亿 t 二氧化碳当量

| | 二氧化碳 | 甲烷 | 氧化亚氮 | 氢氟碳化物 | 全氟化碳 | 六氟化硫 | 合计 |
|---|---|---|---|---|---|---|---|
| 能源活动 | 89.25 | 5.20 | 1.14 | | | | 95.59 |
| 工业生产过程 | 13.30 | 0.00 | 0.96 | 2.14 | 0.16 | 0.61 | 17.18 |
| 农业活动 | | 4.67 | 3.63 | | | | 8.30 |
| 废弃物处理 | 0.20 | 1.38 | 0.37 | | | | 1.95 |
| 土地利用、土地利用变化和林业（LULUCF） | −11.51 | 0.36 | 0.00 | | | | −11.15 |
| 总量（不包括 LULUCF） | 102.75 | 11.25 | 6.10 | 2.14 | 0.16 | 0.61 | 123.01 |
| 总量（包括 LULUCF） | 91.24 | 11.61 | 6.10 | 2.14 | 0.16 | 0.61 | 111.86 |

注：1. 阴影部分不需填写。

2. 0.00 表示计算结果小于 0.005 亿 t 二氧化碳当量。

3. 由于四舍五入的原因，表中各分项之和与总计可能有微小的出入。

表 2-8　2014 年中国温室气体构成

| 温室气体 | 包括土地利用、土地利用变化和林业 | | 不包括土地利用、土地利用变化和林业 | |
|---|---|---|---|---|
| | 排放量/亿 t 二氧化碳当量 | 比重/% | 排放量/亿 t 二氧化碳当量 | 比重/% |
| 二氧化碳 | 91.24 | 81.6 | 102.75 | 83.5 |
| 甲烷 | 11.61 | 10.4 | 11.25 | 9.1 |
| 氧化亚氮 | 6.10 | 5.4 | 6.10 | 5.0 |
| 含氟气体 | 2.91 | 2.6 | 2.91 | 2.4 |
| 合计 | 111.86 | 100.0 | 123.01 | 100.0 |

表 2-9　清单所涉及温室气体的全球增温潜势值

| 温室气体种类 | 全球增温潜势值 | 温室气体种类 | 全球增温潜势值 |
|---|---|---|---|
| $CO_2$ | 1 | HFC-152a | 140 |
| $CH_4$ | 21 | HFC-227ea | 2 900 |
| $N_2O$ | 310 | HFC-236fa | 6 300 |
| HFC-23（$CHF_3$） | 11 700 | HFC-245fa | 1 030 |
| HFC-32 | 650 | PFC-14（$CF_4$） | 6 500 |
| HFC-125 | 2 800 | PFC-116（$C_2F_6$） | 9 200 |
| HFC-134a | 1 300 | $SF_6$ | 23 900 |
| HFC-143a | 3 800 | — | — |

注：HFC-245fa 全球增温潜势值采用《IPCC 第四次评估报告》中 100 年时间尺度下的数值。

　　能源活动是中国温室气体的主要排放源。2014 年中国能源活动排放量占温室气体总排放量（不包括 LULUCF）的 77.7%，工业生产过程、农业活动和废弃物处理的温室气体排放量所占比重分别为 14.0%、6.7% 和 1.6%，如图 2-1 所示。

（一）二氧化碳

　　2014 年中国二氧化碳排放和吸收（包括 LULUCF）91.24 亿吨。若不包括土地利用、土地利用变化和林业，2014 年中国二氧化碳排放 102.75 亿吨，其中，能源活动排放 89.25 亿吨，占 86.9%；工业生产过程排放 13.30 亿吨，占 12.9%；废弃物处理排放 0.20 亿吨，占 0.2%。土地利用、土地利用变化和林业表现为碳吸收汇，共吸收二氧化碳 11.51 亿吨。此外，2014 年国际航空排放 0.29 亿吨二氧化碳，国际航海排放 0.22 亿吨，生物质燃烧排放 7.76 亿吨，作为信息项不计入清单的排放总量，见表 2-10。

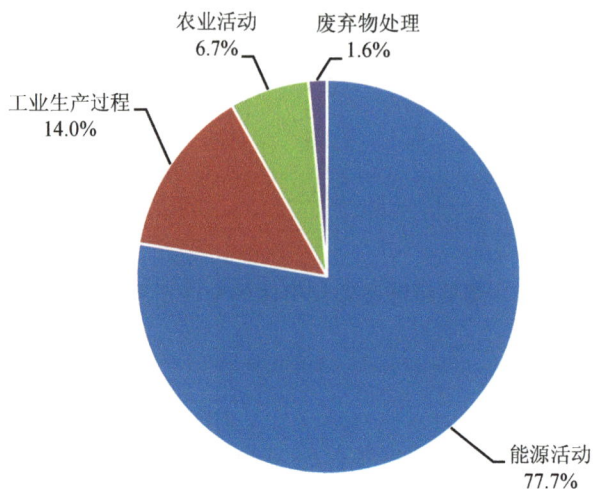

图 2-1　2014 年中国温室气体排放领域构成（二氧化碳、甲烷和氧化亚氮清单，不包括 LULUCF）

表 2-10　2014 年中国二氧化碳、甲烷和氧化亚氮排放和吸收量　　　单位：万 t

| 温室气体排放源与吸收汇的种类 | $CO_2$ | $CH_4$ | $N_2O$ |
| --- | --- | --- | --- |
| 总量（包括 LULUCF） | 912 394.0 | 5 529.2 | 196.7 |
| 1. 能源活动 | 892 492.9 | 2 475.7 | 36.7 |
| 　—燃料燃烧 | 892 492.9 | 261.4 | 36.7 |
| 　　◆能源工业 | 399 534.4 | 5.0 | 22.3 |
| 　　◆制造业和建筑业 | 342 350.6 | 32.4 | 6.5 |
| 　　◆交通运输 | 81 974.0 | 7.9 | 2.1 |
| 　　◆其他行业 | 62 317.8 | 77.7 | 0.7 |
| 　　◆其他 | 6 316.1 | 138.4 | 5.1 |
| 　—逃逸排放 | | 2 214.2 | |
| 　　◆固体燃料 | | 2 101.5 | |
| 　　◆油气系统 | | 112.7 | |
| 2. 工业生产过程 | 132 986.6 | 0.6 | 31.1 |
| 　—非金属矿物制品 | 91 520.2 | | |

| 温室气体排放源与吸收汇的种类 | CO$_2$ | CH$_4$ | N$_2$O |
|---|---|---|---|
| —化学工业 | 14 196.3 | NA | 31.1 |
| —金属冶炼 | 27 270.2 | 0.6 | NA |
| —卤烃和六氟化硫生产 | | | |
| —卤烃和六氟化硫消费 | | | |
| 3. 农业活动 | | 2 224.5 | 117.0 |
| —动物肠道发酵 | | 985.6 | |
| —动物粪便管理 | | 315.5 | 23.3 |
| —水稻种植 | | 891.1 | |
| —农业土壤 | | NA | 93.0 |
| —限定性热带草原烧荒 | | NO | NO |
| —农业废弃物田间焚烧 | | 32.3 | 0.7 |
| 4. 土地利用、土地利用变化和林业 | −115 091.0 | 172.0 | IE，NE |
| —林地 | −83 973.0 | | |
| —农地 | −4 946.0 | IE | IE |
| —草地 | −10 916.0 | IE | IE |
| —湿地 | −4 454.0 | 172.0 | NE |
| —建设用地 | 253.0 | | |
| —其他用地 | 0.0 | | |
| —林产品 | −11 055.0 | | |
| 5. 废弃物处理 | 2 005.5 | 656.4 | 12.0 |
| —固体废物处理 | 2 005.5 | 384.2 | 0.9 |
| —废水处理 | | 272.1 | 11.0 |
| 信息项 | | | |
| —国际航空 | 2 933.6 | 0.0 | 0.1 |
| —国际航海 | 2 191.2 | 0.2 | 0.1 |
| —生物质燃烧 | 77 581.7 | | |

注：1. 阴影部分不需填写。

2. 0.0 表示数值低于 0.05 万 t。

3. NA（不适用）表示指该源排放或汇清除存在但不会发生；NE（未计算）表示对现有源排放量和汇清除没有计算；IE（列于他处）表示此排放源在其他排放源/吸收汇类别计算和报告；NO（未发生）表示不存在此排放源。

4. 由于四舍五入的原因，表中各分项之和与总计可能有微小的出入。

5. 信息项不计入排放总量。

## （二）甲烷

2014 年中国甲烷排放 5 529.2 万吨，其中，能源活动排放 2 475.7 万吨，占 44.8%；工业生产过程排放 0.6 万吨，占 0.01%；农业活动排放 2 224.5 万吨，占 40.2%；土地利用、土地利用变化和林业排放 172.0 万吨，约占 3.1%；废弃物处理排放 656.4 万吨，占 11.9%。

## （三）氧化亚氮

2014 年中国氧化亚氮排放 196.7 万吨，其中，能源活动排放 36.7 万吨，占 18.6%；工业生产过程排放 31.1 万吨，占 15.8%；农业活动排放 117.0 万吨，占 59.5%；废弃物处理排放 12.0 万吨，占 6.1%。

## （四）含氟气体

中国含氟气体排放 2.91 亿吨二氧化碳当量，全部来自工业生产过程，其中，金属冶炼排放 0.15 亿吨二氧化碳当量，占 5.3%；卤烃和六氟化硫生产排放 1.50 亿吨二氧化碳当量，占 51.49%；卤烃和六氟化硫消费排放 1.26 亿吨二氧化碳当量，占 43.3%。详见表 2-11。

## 二、能源活动

2014 年中国能源活动的温室气体排放 95.59 亿吨二氧化碳当量，其中，燃料燃烧排放 90.94 亿吨二氧化碳当量，占 95.1%；逃逸排放 4.65 亿吨二氧化碳当量，占 4.9%。

从气体种类构成来看，二氧化碳排放 89.25 亿吨，全部来自化石燃料燃烧；甲烷排放 2 475.7 万吨，其中化石燃料燃烧排放占 10.6%，逃逸排放占 89.4%；氧化亚氮排放 36.7 万吨，全部来自化石燃料燃烧。清单编制机构还采用参考方法对能源活动的二氧化碳排放进行了核算。结果表明，参考方法与部门方法的结果相差低于 5%。

表 2-11　2014 年中国含氟气体排放量

单位：万 t

| 排放源类型 | HFCs | | | | | | | | | PFCs | | SF₆ |
|---|---|---|---|---|---|---|---|---|---|---|---|---|
| | HFC-23 | HFC-32 | HFC-125 | HFC-134a | HFC-143a | HFC-152a | HFC-227ea | HFC-236fa | HFC-245fa | CF₄ | C₂F₆ | |
| 总排放量 | 1.25 | 0.31 | 0.32 | 4.19 | 0.02 | 0.02 | 0.01 | 0.00 | 0.02 | 0.21 | 0.03 | 0.26 |
| 1. 能源活动 | | | | | | | | | | | | |
| 2. 工业生产过程 | 1.25 | 0.31 | 0.32 | 4.19 | 0.02 | 0.02 | 0.01 | 0.00 | 0.02 | 0.21 | 0.03 | 0.26 |
| —非金属矿物制品 | | | | | | | | | | | | |
| —化学工业 | | | | | | | | | | | | |
| —金属冶炼 | | | | | | | | | | 0.20 | 0.02 | |
| —卤烃和六氟化硫生产 | 1.25 | 0.04 | 0.04 | 0.07 | 0.01 | 0.02 | 0.01 | 0.00 | 0.00 | 0.00 | 0.00 | NO |
| —卤烃和六氟化硫消费 | NO | 0.27 | 0.28 | 4.12 | 0.01 | NO | NO | NO | 0.02 | 0.01 | 0.00 | 0.26 |
| 3. 农业活动 | | | | | | | | | | | | |
| 4. 土地利用、土地利用变化和林业 | | | | | | | | | | | | |
| 5. 废弃物处理 | | | | | | | | | | | | |

注：1. 阴影部分不需填写。
　　2. 0.00 表示数值低于 0.005 万 t。
　　3. NO（未发生）表示不存在此排放源。
　　4. 由于四舍五入的原因，表中各分项之和与总计可能有微小的出入。

## 三、工业生产过程

2014 年中国工业生产过程的温室气体排放 17.18 亿吨二氧化碳当量，其中，非金属矿物制品排放 9.15 亿吨二氧化碳当量，占 53.3%；化学工业排放 2.38 亿吨二氧化碳当量，占 13.9%；金属冶炼排放 2.88 亿吨二氧化碳当量，占 16.8%；卤烃和六氟化硫生产排放 1.50 亿吨二氧化碳当量，占 8.7%；卤烃和六氟化硫消费排放 1.26 亿吨二氧化碳当量，占 7.3%。

从气体种类构成来看，二氧化碳排放 13.30 亿吨，其中非金属矿物制品排放占 68.8%，化学工业排放占 10.7%，金属冶炼排放占 20.5%；甲烷排放 0.6 万吨，全部来自金属冶炼；氧化亚氮排放 31.1 万吨，全部来自化学工业；氢氟碳化物排放 2.14 亿吨二氧化碳当量，其中卤烃和六氟化硫生产排放占 70.1%，消费排放占 29.9%；全氟化碳排放 0.16 亿吨二氧化碳当量，其中金属冶炼排放占 95.6%，卤烃和六氟化硫生产、消费排放分别占 0.3%、4.1%；六氟化硫排放 0.61 亿吨二氧化碳当量，全部来自卤烃和六氟化硫消费排放。

## 四、农业活动

2014 年中国农业活动温室气体排放 8.30 亿吨二氧化碳当量。其中，动物肠道排放 2.07 亿吨二氧化碳当量，占 24.9%；动物粪便管理排放 1.38 亿吨二氧化碳当量，占 16.7%；水稻种植排放 1.87 亿吨二氧化碳当量，占 22.6%；农用地排放 2.88 亿吨二氧化碳当量，占 34.7%；农业废弃物田间焚烧排放 0.09 亿吨二氧化碳当量，占 1.1%。

从气体种类构成来看，甲烷排放 2 224.5 万吨，其中动物肠道排放占 44.3%，动物粪便管理排放占 14.2%，水稻种植排放占 40.1%，农业废弃物田间焚烧排放占 1.4%；氧化亚氮排放 117.0 万吨，其中动物粪便管理排放占 19.9%，农用地排放占 79.5%，农业废弃物田间焚烧排放占 0.6%。

## 五、土地利用、土地利用变化和林业

2014 年中国土地利用、土地利用变化和林业吸收二氧化碳 11.51 亿吨，排放甲烷 172.0 万吨，净吸收 11.15 亿吨二氧化碳当量。林地、农地、草地、湿地分别吸收 8.40 亿吨、0.49 亿吨、1.09 亿吨、0.45 亿吨二氧化碳，建设用地排放 253.0 万吨二氧化碳，林产品吸收 1.11 亿吨二氧化碳。湿地排放甲烷 172.0 万吨。

## 六、废弃物处理

2014 年中国废弃物处理温室气体排放 1.95 亿吨二氧化碳当量，其中固体废物处理排放 1.04 亿吨二氧化碳当量，占 53.3%；废水处理排放 0.91 亿吨二氧化碳当量，占 46.7%。

从气体种类构成来看，二氧化碳排放 0.20 亿吨，全部来自固体废物处理排放；甲烷排放 656.4 万吨，其中固体废物处理排放占 58.5%，废水处理排放占 41.5%；氧化亚氮排放 12.0 万吨，其中固体废物处理排放占 7.9%，废水处理排放占 92.1%。

# 第四章　质量保证和质量控制

## 一、减少不确定性的努力

在 2014 年国家温室气体清单编制的过程中，为提高清单编制的质量和减少不确定性，编制机构特别注重加强质量保证和质量控制工作。

在清单编制方法方面，清单编制机构开展了关键类别分析，结果用于指导 2014 年清单编制方法的选择。关键类别在 2014 年国家温室气体清单中都尽量采用了层级较高的计算方法以及本国排放因子，从而提高了清单计算结果的准确性。

在活动水平数据方面，国家统计局建立了应对气候变化的相关统计报表制度，细化和增加了能源统计品种，逐步把温室气体清单编制所需的活动水平数据纳入政府统计体系。在计算煤炭燃烧的排放方面，进一步增加了主要耗煤行业分煤种和分用途的低位发热量调查研究。

在排放因子方面，国家统计局初步建立了相关特性参数的统计调查制度，清单编制机构及其他有关单位也专门进行了煤化工行业固碳率的研究，开展了主要畜禽氮排泄量、农用地氧化亚氮直接排放因子的实地调查，获得了本国排放因子及相关参数。在 2014 年中国温室气体清单编制的过程中，优先采用当年的本国排放因子，其次采用 2010 年的本国数据，当上述二者都无法获得时则采用 IPCC 相关指南的缺省值。

在数据管理方面，清单编制机构重视数据文档的管理，及时保存清单编制的支撑材料。同时，为提高清单相关数据的电子化管理水平，还建立了国家和各领域温室气体清单数据库信息系统。

清单编制机构召开了多次技术研讨会，与国内其他研究机构和专家进行学术交流和研讨，充分吸纳相关研究成果。主管部门还组织清单编制工作之外的专家对清单编制方法和结果进行独立的分析和评审，为保证清单结果的质量提供了有力的支持。

## 二、不确定性分析

能源活动，工业生产过程，农业活动，土地利用、土地利用变化和林业，废弃物处理领域分别根据活动水平和排放因子数据的来源确定其不确定性水平，并根据相应的方法计算得到该领域的不确定性，见表 2-12。根据《IPCC 优良作法指南》的误差传递法分析，2014 年国家温室气体清单总不确定性为−5.2%～5.3%。

表 2-12　2014 年国家温室气体清单不确定性分析结果

| | 排放量/亿 t 二氧化碳当量 | 不确定性 |
| --- | --- | --- |
| 能源活动 | 95.59 | −5.2%～5.3% |
| 工业生产过程 | 17.18 | −3.9%～3.9% |
| 农业活动 | 8.30 | −19.2%～20.4% |
| 土地利用、土地利用变化和林业 | −11.15 | −21.1%～21.2% |
| 废弃物处理 | 1.95 | −23.2%～23.2% |
| 综合不确定性 | −5.2%～5.3% | |

# 第五章　已提交清单信息

　　中国在第一次、第二次和第三次国家信息通报以及第一次两年更新报告中已提交了 1994 年、2005 年、2010 年和 2012 年的国家温室气体清单，以下为这些年份清单的信息概要。需要指出的是，清单编制机构尚未对 1994 年和 2012 年的清单进行回算，因此，1994 年和 2012 年温室气体清单在计算方法和计算范围上与其他年份的清单不完全一致。

## 一、1994 年国家温室气体清单

　　1994 年中国温室气体总量（包括土地利用变化和林业）为 36.50 亿吨二氧化碳当量（表 2-13），其中二氧化碳、甲烷和氧化亚氮所占比重分别为 73.1%、19.7% 和 7.2%；土地利用变化和林业领域的温室气体吸收汇为 4.07 亿吨二氧化碳当量。若不包括土地利用变化和林业，1994 年中国温室气体排放总量为 40.57 亿吨二氧化碳当量，其中二氧化碳、甲烷和氧化亚氮所占比重分别为 75.8%、17.7% 和 6.5%。

表 2-13　1994 年中国温室气体总量　　单位：亿 t 二氧化碳当量

| | 二氧化碳 | 甲烷 | 氧化亚氮 | 氢氟碳化物 | 全氟化碳 | 六氟化硫 | 合计 |
|---|---|---|---|---|---|---|---|
| 能源活动 | 27.95 | 1.97 | 0.15 | | | | 30.08 |
| 工业生产过程 | 2.78 | NE | 0.05 | NE | NE | NE | 2.83 |
| 农业活动 | | 3.61 | 2.44 | | | | 6.05 |
| 废弃物处理 | NE | 1.62 | NE | | | | 1.62 |
| 土地利用变化和林业 | −4.07 | NE | NE | | | | −4.07 |
| 总量（不包括土地利用变化和林业） | 30.73 | 7.20 | 2.64 | NE | NE | NE | 40.57 |

| | 二氧化碳 | 甲烷 | 氧化亚氮 | 氢氟碳化物 | 全氟化碳 | 六氟化硫 | 合计 |
|---|---|---|---|---|---|---|---|
| 总量（包括土地利用变化和林业） | 26.66 | 7.20 | 2.64 | NE | NE | NE | 36.50 |

注：1. 阴影部分不需填写。

　　2. NE（未计算）表示对现有源排放量和汇清除没有计算。

　　3. 由于四舍五入的原因，表中各分项之和与总计可能有微小的出入。

## 二、2005 年国家温室气体清单

根据《中华人民共和国气候变化第三次国家信息通报》中清单回算信息，2005 年中国温室气体总量（包括 LULUCF）为 72.49 亿吨二氧化碳当量（表 2-14），其中二氧化碳、甲烷、氧化亚氮和含氟气体所占比重分别为 77.0%、14.4%、6.9% 和 1.7%；土地利用、土地利用变化和林业领域的温室气体吸收汇为 7.66 亿吨二氧化碳当量。若不包括土地利用、土地利用变化和林业，2005 年中国温室气体净排放总量为 80.15 亿吨二氧化碳当量，其中二氧化碳、甲烷、氧化亚氮和含氟气体所占比重分别为 79.6%、12.6%、6.2% 和 1.6%。

表 2-14　2005 年中国温室气体总量　　单位：亿 t 二氧化碳当量

| | 二氧化碳 | 甲烷 | 氧化亚氮 | 氢氟碳化物 | 全氟化碳 | 六氟化硫 | 合计 |
|---|---|---|---|---|---|---|---|
| 能源活动 | 56.65 | 4.97 | 0.81 | | | | 62.43 |
| 工业生产过程 | 7.13 | NE | 0.33 | 1.09 | 0.06 | 0.10 | 8.71 |
| 农业活动 | | 4.31 | 3.57 | | | | 7.88 |
| 废弃物处理 | 0.03 | 0.81 | 0.29 | | | | 1.13 |
| 土地利用、土地利用变化和林业 | −8.03 | 0.37 | NE，IE | | | | −7.66 |
| 总量（不包括 LULUCF） | 63.81 | 10.09 | 5.00 | 1.09 | 0.06 | 0.10 | 80.15 |
| 总量（包括 LULUCF） | 55.78 | 10.46 | 5.00 | 1.09 | 0.06 | 0.10 | 72.49 |

注：1. 阴影部分不需填写。

　　2. 0.00 表示数值小于 0.005 亿 t 二氧化碳当量。

　　3. IE（列于他处）表示此排放源在其他排放源/吸收汇类别计算和报告，NE（未计算）表示对现有源排放量和汇清除没有计算。

　　4. 由于四舍五入的原因，表中各分项之和与总计可能有微小的出入。

　　5. 本表展示的是回算后的清单数据信息。

## 三、2010 年国家温室气体清单

2010 年中国温室气体总量（包括 LULUCF）为 95.51 亿吨二氧化碳当量（表 2-15），其中二氧化碳、甲烷、氧化亚氮和含氟气体所占比重分别为 80.4%、12.2%、5.7% 和 1.7%；土地利用、土地利用变化和林业领域的温室气体吸收汇为 9.93 亿吨二氧化碳当量。若不包括土地利用、土地利用变化和林业，2010 年中国温室气体排放总量为 105.44 亿吨二氧化碳当量，其中二氧化碳、甲烷、氧化亚氮和含氟气体所占比重分别为 82.6%、10.7%、5.2% 和 1.5%。

表 2-15    2010 年中国温室气体总量         单位：亿 t 二氧化碳当量

|  | 二氧化碳 | 甲烷 | 氧化亚氮 | 氢氟碳化物 | 全氟化碳 | 六氟化硫 | 合计 |
|---|---|---|---|---|---|---|---|
| 能源活动 | 76.24 | 5.64 | 0.96 |  |  |  | 82.83 |
| 工业生产过程 | 10.75 | 0.00 | 0.62 | 1.32 | 0.10 | 0.21 | 13.01 |
| 农业活动 |  | 4.71 | 3.58 |  |  |  | 8.28 |
| 废弃物处理 | 0.08 | 0.92 | 0.31 |  |  |  | 1.32 |
| 土地利用、土地利用变化和林业 | −10.30 | 0.37 | 0.00 |  |  |  | −9.93 |
| 总量（不包括 LULUCF） | 87.07 | 11.27 | 5.47 | 1.32 | 0.10 | 0.21 | 105.44 |
| 总量（包括 LULUCF） | 76.78 | 11.63 | 5.47 | 1.32 | 0.10 | 0.21 | 95.51 |

注：1. 阴影部分不需填写。

2. 0.00 表示计算结果小于 0.005 亿 t 二氧化碳当量。

3. 由于四舍五入的原因，表中各分项之和与总计可能有微小的出入。

## 四、2012 年国家温室气体清单

2012 年中国温室气体总量（包括土地利用变化和林业）为 113.20 亿吨二氧化碳当量（表 2-16），其中二氧化碳、甲烷、氧化亚氮和含氟气体所占比重分别为 82.3%、10.4%、5.6% 和 1.7%；土地利用变化和林业领域的温室气体吸收汇为 5.76 亿吨二氧化碳当量。若不包括土地利用变化和林业，2012 年中国温室气体排放总量为 118.96 亿吨二氧化碳当量，其中二氧化碳、甲烷、氧化亚氮和含氟气体所占比重分别为 83.1%、9.9%、5.4% 和 1.6%。

表 2-16　2012 年中国温室气体总量　　　单位：亿 t 二氧化碳当量

| | 二氧化碳 | 甲烷 | 氧化亚氮 | 氢氟碳化物 | 全氟化碳 | 六氟化硫 | 合计 |
|---|---|---|---|---|---|---|---|
| 能源活动 | 86.88 | 5.79 | 0.69 | | | | 93.37 |
| 工业生产过程 | 11.93 | 0.00 | 0.79 | 1.54 | 0.12 | 0.24 | 14.63 |
| 农业活动 | | 4.81 | 4.57 | | | | 9.38 |
| 废弃物处理 | 0.12 | 1.14 | 0.33 | | | | 1.58 |
| 土地利用变化和林业 | −5.76 | 0.00 | 0.00 | | | | −5.76 |
| 总量（不包括土地利用变化和林业） | 98.93 | 11.74 | 6.38 | 1.54 | 0.12 | 0.24 | 118.96 |
| 总量（包括土地利用变化和林业） | 93.17 | 11.74 | 6.38 | 1.54 | 0.12 | 0.24 | 113.20 |

注：1. 阴影部分不需填写。

　　2. 0.00 表示计算结果小于 0.005 亿 t 二氧化碳。

　　3. 由于四舍五入的原因，表中各分项之和与总计可能有微小的出入。

2016 年以来，中国政府通过印发《"十三五"控制温室气体排放工作方案》（以下简称《"十三五"控温方案》）及能源领域的各项相关发展规划，加强低碳发展战略目标和政策引导，促进产业结构调整和能源结构优化，持续推进节能和能效水平的提高，努力控制非能源活动的温室气体排放，积极增加林业碳汇，推动落实与强化减缓行动的体制与机制创新，不断探索符合中国国情的低碳发展新模式。

# 第一章　控制温室气体排放的主要目标

根据中国政府于 2009 年提出的到 2020 年单位国内生产总值二氧化碳排放比 2005 年下降40%～45%，非化石能源占一次能源消费的比重达到15%左右，森林面积比 2005 年增加 4 000 万公顷，森林蓄积量比 2005 年增加 13 亿米$^3$等国家适当减缓行动（NAMAs）目标，2011 年《"十二五"控制温室气体排放工作方案》中明确提出，要大幅降低单位国内生产总值的二氧化碳排放，到 2015 年比 2010 年要下降 17%；非能源活动二氧化碳排放以及甲烷、氧化亚氮、氢氟碳化物、全氟化碳和六氟化硫等其他温室气体排放控制取得成效。

2016 年《"十三五"控制温室气体排放工作方案》（以下简称《"十三五"控温方案》）又进一步强化了中国的自主减缓行动，明确指出：到 2020 年，单位国内生产总值二氧化碳排放要比 2015 年下降 18%，碳排放总量得到有效控制；氢氟碳化物、甲烷、氧化亚氮、全氟化碳、六氟化硫等非二氧化碳温室气体控排力度进一步加大；碳汇能力显著增强。

# 第二章　减缓行动及进展

## 一、强化规划引导和目标管控

### （一）组织实施应对气候变化规划和方案

《中华人民共和国国民经济和社会发展第十三个五年规划纲要》（以下简称《"十三五"规划纲要》）明确提出"生产方式和生活方式绿色、低碳水平上升""主动控制碳排放"，并将"单位 GDP 二氧化碳排放降低 18%"作为约束性指标纳入"十三五"时期经济社会发展主要指标体系；《"十三五"控温方案》明确提出"强化低碳引领，推动能源革命和产业革命，推动供给侧结构性改革和消费端转型，推动区域协调发展"，且综合考虑各省（区、市）发展阶段、资源禀赋、战略定位等因素，分类确定省级碳排放控制目标，并要求各省（区、市）将大幅降低碳排放强度目标纳入本地区经济社会发展规划、年度计划和政府工作报告。截至 2017 年 6 月，已有 18 个省（区、市）发布了省级"十三五"控制温室气体排放工作方案或相关规划。工业和信息化部、交通运输部、科学技术部和国家林业局等部门，也颁布了行动方案等相关文件，助力控制温室气体排放目标的落实。

### （二）强化目标责任评价考核

2013 年，国家发展和改革委员会会同有关部门研究制定了"十二五"单位国内生产总值二氧化碳排放降低目标责任考核体系实施方案，围绕目标完成情况、任务与措施落实情况、基础工作与能力建设落实情况及体制机制开创性探索等四个方面，提出了由 12 项基础指标及 1 项加分指标构成的"十二五"省级人民政府控制温室气体排放目标责任评价考核指标体系，并在 2016 年完成了"十二五"省级人民政府控制温室气体排放目标责任评价考核工作。2016 年以来，通过不断健全统计核算、评价考核和责任追究制度，进一步强化目标责任和压力传导。

## 二、调整经济结构与产业结构

2016 年中国第三产业增加值比重为 51.6%[①]，比 2015 年提高了 1.4 个百分点，2016 年服务业对国民经济增长的贡献率高达 57.5%，同比增长了 4.6 个百分点[②]。

### （一）加快发展现代服务业

中国通过放宽市场准入，促进服务业优质高效发展，推动生产型服务业向专业化和价值链高端延伸，生活型服务业向精细和高品质转变，推动制造业由生产型向生产服务型转变。

### （二）推动产业转型升级和低碳产业持续发展

2016 年，中国明确提出用 3～5 年时间较大幅度压缩产能[③]，依法依规淘汰落后产能[④]；加强投资引导，对钢铁、电解铝、水泥、平板玻璃、船舶等产能严重过剩行业的新增产能制定了严格的标准[⑤]。2016 年，中国共压减钢铁（粗钢）产能 6 500 万吨以上，关闭退出约 1 500 处 30 万吨以下小煤矿[⑥]，还淘汰了大量落后产能（表 3-1）。高耗能工业的扩张速度得到了有效控制，2016 年中国规模以上工业增加值增长了6.0%，比六大高耗能行业[⑦]增加值增速高出 0.8 个百分点[⑧]。

---

① 数据来源于《中国统计年鉴 2017》。
② 数据来源于国家统计局。
③ 国务院，《关于钢铁行业化解过剩产能实现脱困发展的意见》和《关于煤炭行业化解过剩产能实现脱困发展的意见》，2016 年 2 月。
④ 工业和信息化部会同其他有关部门，《关于利用综合标准依法依规推动落后产能退出的指导意见》，2017年 2 月。
⑤ 国务院，《政府核准的投资项目目录（2016 年本）》，2016 年 12 月。
⑥ 数据来源于国家统计局公告《工业经济稳定增长　动力结构调整优化——党的十八大以来经济社会发展成就系列之八》。
⑦ 六大高耗能行业包括石油加工、炼焦和核燃料加工业，化学原料和化学制品制造业，非金属矿物制品业，黑色金属冶炼和压延加工业，有色金属冶炼和压延加工业，电力、热力生产和供应业。
⑧ 数据来源于《中华人民共和国 2016 年国民经济和社会发展统计公报》。

表 3-1    2016 年中国淘汰落后产能的完成情况①

| 行业 | 单位 | 2015 年完成量 | 2016 年完成量 |
|---|---|---|---|
| 炼铁 | 万 t | 1 378 | 677 |
| 炼钢 | 万 t | 1 706 | 1 096 |
| 电解铝 | 万 t | 36.2 | 32 |
| 水泥熟料 | 万 t | 4 974 | 559 |
| 平板玻璃 | 万重量箱 | 1 429 | 3 340 |

　　继续推动战略性新兴产业，在多个前沿战略性领域布局了一批系统性工程。2016 年，规模以上工业战略性新兴产业增加值增长 10.5%，比 2015 年规模以上工业增加值的增速提高了 4.5 个百分点。就规模以上战略性新兴服务业而言，2016 年的营业收入同比增长了 15.1%，增速较前几年有显著提高②。

## 三、优化能源结构

　　2016 年以来，中国继续采取强有力的政策措施，进一步优化能源结构（图 3-1）。2015—2016 年，中国煤炭占能源消费总量的比重从 63.7% 下降至 62.0%，天然气占比从 5.9% 上升至 6.2%，非化石能源消费比重从 12.1% 上升至 13.3%。

### （一）积极发展非化石能源

　　中国积极发展可再生能源，稳妥推进核电发展，先后印发了可再生能源、水电、风电、太阳能、生物质能、地热能及核工业发展等一系列"十三五"规划，明确了"十三五"期间非化石能源的发展目标、规划布局和建设重点。与 2015 年相比，2016 年中国非化石能源发电装机容量增长 13.4%，非化石能源发电量增长 12.3%（表 3-2）。

---

① 数据来源于工业和信息化部。
② 数据来源于《中华人民共和国 2016 年国民经济和社会发展统计公报》等。

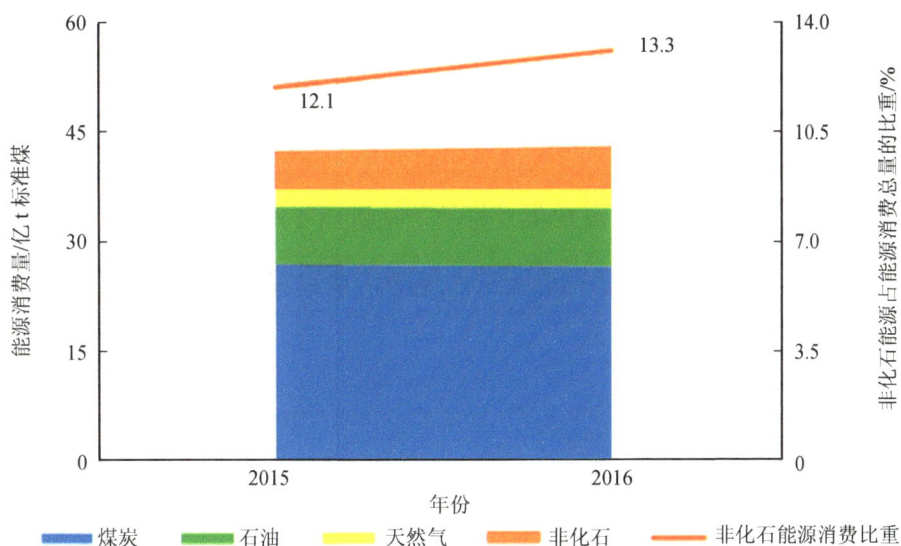

图 3-1　2015—2016 年中国能源消费总量结构[①]

表 3-2　2015—2016 年中国非化石能源装机容量和发电量[②]

| | 单位 | 2015 年 | 2016 年 |
|---|---|---|---|
| 一、发电装机容量 | | | |
| 　　水电 | 万 kW | 31 954 | 33 207 |
| 　　风电 | 万 kW | 13 075 | 14 747 |
| 　　太阳能发电 | 万 kW | 4 218 | 7 631 |
| 　　核电 | 万 kW | 2 717 | 3 364 |
| 　　其他 | 万 kW | 9 | 7 |
| 二、发电量 | | | |
| 　　水电 | 亿 kW·h | 11 127 | 11 748 |
| 　　风电 | 亿 kW·h | 1 856 | 2 409 |
| 　　太阳能发电 | 亿 kW·h | 395 | 665 |
| 　　核电 | 亿 kW·h | 1 714 | 2 132 |
| 　　其他 | 亿 kW·h | 1 | 1 |

---

① 数据来源于《中国统计年鉴 2017》。
② 数据来源于中国电力企业联合会《2016 年电力统计基础数据一览表》和《2017 年电力统计基础数据一览表》。

## （二）稳步提升天然气消费比重

中国通过编制"十三五"能源发展规划，提出加快发展天然气的目标，并推动天然气定价改革[①②③④]，为天然气发展提供良好的价格机制支撑。统计数据显示，2016年中国天然气产量 1 369 亿米$^3$，天然气消费量占能源消费总量的比重为 6.2%[⑤]，保持了继续增长的势头。

## （三）持续强化煤炭消费总量控制

中国继续实施"大气十条"措施，明确提出要严控煤炭消费总量[⑥]，在京津冀鲁豫、长三角、珠三角、汾渭平原等重点地区实施煤炭消费减量替代，其他重点区域实施"等煤量"替代。2016 年，中国煤炭消费总量约为 27 亿吨标准煤，占能源消费总量的 62%，比 2015 年下降了 1.7 个百分点，火电装机和发电量占比分别为 64.3% 和 71.8%，均有所下降[⑦]。重点地区煤炭消费减量替代工作取得显著进展，以京津冀地区为例，截至 2016 年，北京和天津提前完成 2017 年目标任务，河北已完成 2017 年目标任务的 81%，与 2015 年相比减少二氧化碳排放 0.12 亿吨。

## 四、节约能源和提高能效

中国政府提出了 2016 年度能源效率改善的目标，即 2016 年单位国内生产总值能耗同比下降 3.4% 以上，燃煤电厂每千瓦时供电煤耗降至 314 克标准煤，同比减少 1 克标准煤[⑧]。

---

① 国家发展和改革委员会，《关于降低非居民用天然气门站价格并进一步推进价格市场化改革的通知》，2015 年 11 月。

② 国家发展和改革委员会，《关于加强地方天然气输配价格监管降低企业用气成本的通知》，2016 年 8 月。

③ 国家发展和改革委员会，《天然气管道运输价格管理办法（试行）》，2016 年 10 月。

④ 国家发展和改革委员会，《天然气管道运输定价成本监审办法（试行）》，2016 年 10 月。

⑤ 数据来源于《中国能源统计年鉴 2017》。

⑥ 国家发展和改革委员会、国家能源局，《能源发展"十三五"规划》，2016 年 12 月。

⑦ 数据来源于《2017 年电力统计基础数据一览表》。

⑧ 国家能源局，《关于印发 2016 年能源工作指导意见的通知》，2016 年 3 月。

中国节能和提高能效的成果显著，主要高耗能产品能耗稳步下降（图 3-2），全社会节约能源超过 2 亿吨标准煤。具体到工业部门，2016 年单位工业增加值能耗比 2015 年下降了 6.4%，环比节能约 1.9 亿吨标准煤[①]。

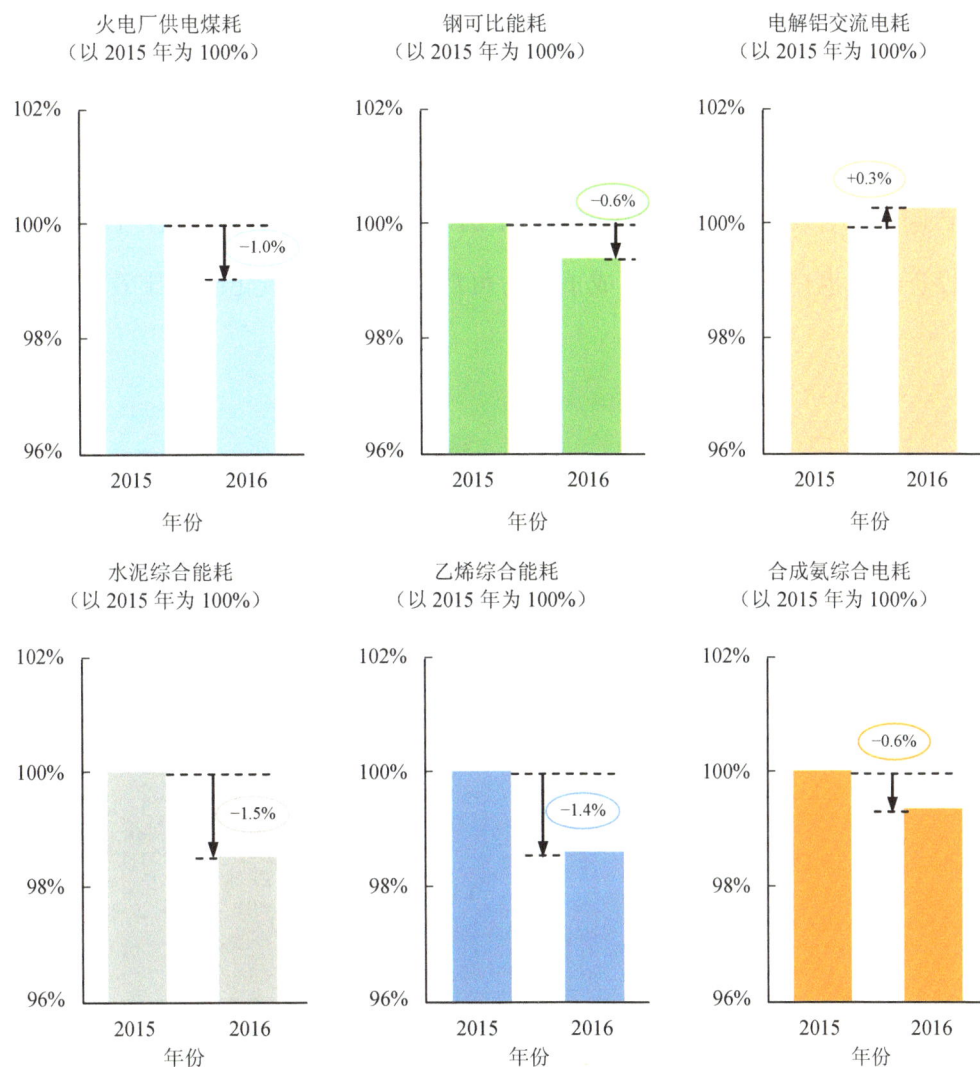

图 3-2　2015—2016 年中国主要高耗能产品能耗变化情况[②]

## （一）强化节能目标责任考核

中国将"十三五"能源消费总量和强度"双控"目标分解到了各省（区、市）[③]，

---

① 数据来源于《中国统计年鉴 2017》《中国能源统计年鉴 2017》。
② 数据来源于《中国能源统计年鉴 2017》。
③ 国务院，《"十三五"节能减排综合工作方案》，2016 年 12 月。

对省级人民政府的能源消费总量和强度"双控"目标完成情况每年进行现场评价和考核。《2016 年度各省（区、市）"双控"考核结果》显示，共有 30 个省（区、市）2016年度能源消耗总量和强度"双控"考核结果为完成等级及以上，其中北京、天津等 7个省（区、市）考核结果为超额完成等级。

## （二）扩大节能重点工程的投资规模

在合同能源管理推广工程的作用下，中国节能服务产业迅猛发展，合同能源管理项目的投资规模也在不断提高，形成了较为可观的节能和二氧化碳减排效果（图 3-3）。

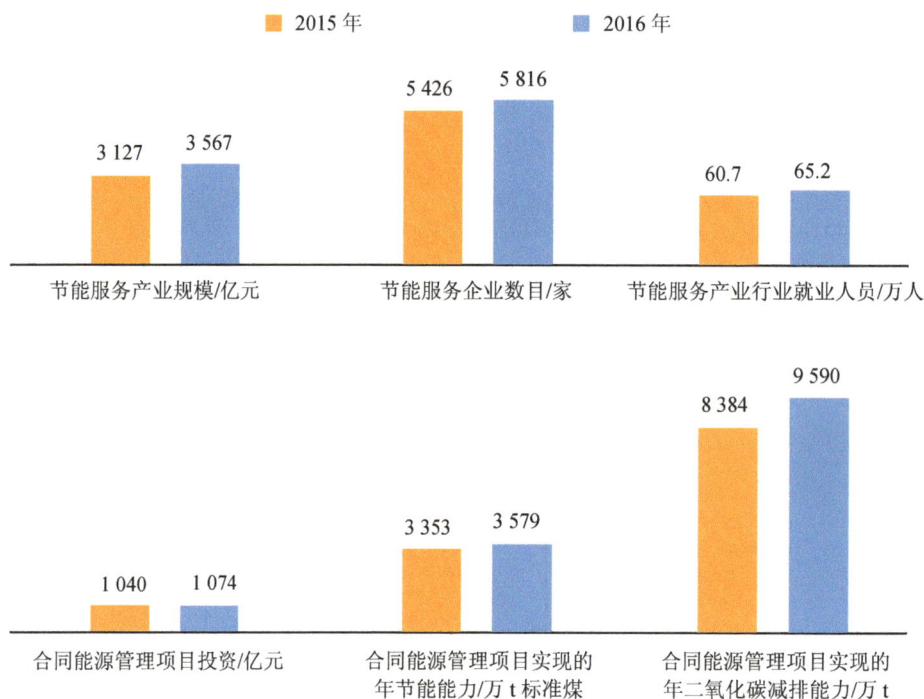

**图 3-3  2015—2016 年中国节能服务产业及合同能源管理发展情况**[①]

## （三）完善节能标准标识

中国启动了"百项能效标准推进工程"，完善节能标识管理制度，扩大了能效标

---

① 数据来源于中国节能协会节能服务产业委员会《2017 节能服务产业发展报告》。

识适用范围[①]。截至 2016 年年底，中国已发布实施能效强制性标准 64 项、能耗限额强制性标准 104 项、节能推荐性国家标准 150 余项，以及家用电冰箱、家用洗衣机、储水式电热水器、平板电视等共计 13 批次、35 类能效标识实施产品[②]。

### （四）推广节能技术和产品

2016 年，中国编制了《国家重点节能低碳技术推广目录（节能部分）》。推动企业开展能效对标达标，编制了首批《"能效领跑者"产品目录》[③]《节能机电设备（产品）推荐目录（第七批）》和《"能效之星"产品目录（2016）》[④]。推动全民开展节能行动，启动了高效节能产品倍增行动计划[⑤]。

### （五）强化建筑节能

引导绿色建筑发展，2016 年城镇新增绿色建筑面积超过 5 亿米 $^2$，占城镇新建民用建筑比例达 29%以上。推动既有建筑的节能改造，2016 年完成既有建筑节能改造8 789 万米 $^2$（表 3-3）。强化公共建筑节能管理，2016 年各省（区、市）共完成公共建筑能源审计 2 718 栋，能耗公示 6 810 栋，对 2 373 栋建筑的能耗情况进行监测，实施公共建筑节能改造面积 2 760 万米 $^2$。

表 3-3　2016 年中国既有居住建筑节能改造完成情况

| 类型 | 改造面积/万 m$^2$ |
| --- | --- |
| 严寒及寒冷地区各省（区、市）和新疆生产建设兵团 | 7 262 |
| 夏热冬冷地区各省（区、市） | 1 527 |
| 共计 | 8 789 |

---

① 国家发展和改革委员会、质检总局，《能源效率标识管理办法》，2016 年 2 月。

② 数据来源于中国能效标识网《我国能效标识实施产品概况》。

③ 国家发展和改革委员会、质检总局、中国标准化研究院，《"能效领跑者"产品目录》，2016 年 6 月。

④ 工业和信息化部，《节能机电设备（产品）推荐目录（第七批）》和《"能效之星"产品目录（2016）》，2016 年 9 月。

⑤ 国家发展和改革委员会，《"十三五"全民节能行动计划》，2016 年 12 月。

## （六）推动交通运输节能

中国制定了绿色交通发展的体系和框架，深入实施公交优先战略，大力促进绿色出行，大部分出行模式的能耗指标均有所改善（表3-4）。

**表 3-4    2016 年中国交通运输主要能耗指标[①]**

| 类型 | 单位 | 2016 年 | 2016 年比 2015 年/% |
|---|---|---|---|
| 公交企业单位能耗 | kg 标准煤/（百车·km） | 48.5 | −0.9 |
| 公路班线客运企业单位能耗 | kg 标准煤/（百车·km） | 29.7 | −1.5 |
| 公路专业货运企业单位能耗 | kg 标准煤/（$10^2$ t·km） | 1.8 | −4.0 |
| 远洋和沿海货运企业单位能耗 | kg 标准煤/（$10^3$ t·海里） | 5.0 | −4.9 |
| 港口企业单位能耗 | t 标准煤/万 t | 2.5 | −3.0 |
| 铁路单位运输工作量综合能耗 | t 标准煤/（百万换算 t·km） | 4.71 | 持平 |
| 民航单位油耗 | kg/（t·km） | 0.293 | −0.3 |

# 五、控制非二氧化碳的温室气体排放

2016 年以来，中国在工业生产过程、农业活动以及废弃物处置等领域继续开展相关的行动，加强对非二氧化碳温室气体排放的控制。

## （一）控制工业生产过程温室气体排放

中国全面推行绿色制造，积极推行清洁生产技术工艺，大力推进工业资源的综合利用，重点行业资源利用效率持续提升；淘汰水泥和钢铁落后产能，采用二级处理法和三级处理法处理硝酸生产过程的氧化亚氮排放。继续开展氢氟碳化物处置的核查工作，并对三氟甲烷销毁处置的企业进行补贴，2016 年 13 家享受中央预算内投资和财政补贴的企业销毁三氟甲烷量约 1.33 万吨。

---

[①] 数据来源于《2016 年交通运输行业发展统计公报》《2015 年民航行业发展统计公报》《2016 年民航行业发展统计公报》。

## （二）控制农业活动温室气体排放

中国继续实施"到 2020 年化肥使用量零增长行动"和"到 2020 年农药使用量零增长行动"，大力推广测土配方施肥和化肥农药减量增效技术，推动农村沼气转型升级，提高秸秆综合利用水平，积极控制禽畜温室气体排放。2016 年，中国化肥使用量首次接近零增长。全国沼气在用户达到 4 057.71 万户，各类型沼气工程达到 109 819 处，全国沼气年产量达到 125 亿米³，约为全国天然气消费量的 4%，替代化石能源约 870 万吨标准煤。全国农村沼气年处理畜禽养殖粪便、秸秆、有机生活垃圾近 16 亿吨，年减排温室气体相当于 5 000 多万吨二氧化碳当量。

## （三）控制废弃物处理温室气体排放

中国积极推进资源利用减量化、再利用和资源化，从源头和生产过程减少温室气体排放。逐步完善城市废弃物标准，实施生活垃圾处理收费制度，推广利用先进的垃圾焚烧技术，制定促进填埋气体回收利用的激励政策。2016 年，城市和县城无害化处理率达到 94%；城市建有垃圾焚烧厂 249 座、卫生填埋场 657 座，县城建有垃圾焚烧厂 50 座、卫生填埋场 1 183 座[①]。2016 年年末，全国城市污水处理能力达到 14 910 万米³/日，年污水处理总量达 448.8 亿米³，污水处理率达 93.44%[②]。

# 六、努力增加碳汇

## （一）林业碳汇功能稳步提升

中国继续实施天然林资源保护、退耕还林、防护林体系建设、湿地保护与恢复、石漠化综合治理、京津风沙源治理等一批重大林业生态保护与修复工程（表 3-5），加

---

① 数据来源于中国城市环境卫生协会、中国城市建设研究院有限公司《中国生活垃圾处理行业发展报告——面向新时代的机遇与挑战》，2017 年。
② 数据来源于《中国城乡建设统计年鉴 2016》。

快造林绿化步伐，2016 年完成造林 678.8 万公顷①，超额完成了当年的计划目标。全面加强森林抚育经营，2016 年森林抚育面积 850.04 万公顷，森林面积和森林蓄积量持续增加②。

表 3-5    2015—2016 年五个重点林业生态保护与修复工程进展情况③

| 工程 | 项目 | 单位 | 2015 年 | 2016 年 |
|---|---|---|---|---|
| 天然林资源保护工程 | 造林 | 万 hm² | 49.9 | 25.6 |
| | 中幼龄林抚育 | 万 hm² | 167.8 | 175.3 |
| | 管护森林 | 亿 hm² | 1.15 | 1.15 |
| 退耕还林工程 | 新增退耕还林还草任务量 | 万 hm² | 66.7 | 100.7 |
| | 累计下达新一轮退耕还林还草任务量 | 万 hm² | 100 | 200.7 |
| | 造林 | 万 hm² | 53.3 | 79.6 |
| 京津风沙源治理工程 | 造林 | 万 hm² | 24.7 | 25.1 |
| | 工程固沙 | 万 hm² | 0.79 | 0.98 |
| 三北防护林工程 | 造林 | 万 hm² | 74.55 | 66.7 |
| | 启动百万亩*防护林基地建设项目 | 个 | 2 | 2 |
| "长、珠、海、太、平"防护林工程 | 造林 | 万 hm² | 68 | 50.6 |

注：* 1 亩=0.066 7 hm²。

## （二）积极增加草原碳汇

2016 年，中国新增草原围栏 299.3 万公顷，完成退化草原改良 312.7 万公顷，建设人工草地 1 307.9 万公顷，实施草原禁牧 1.05 亿公顷，草畜平衡 1.7 亿公顷。中国天然草原鲜草总产量达 10.4 亿吨，同比增长 1%，草原综合植被盖度达 54.6%，较上年提高了 0.6 个百分点④，全国草原生态环境恶化的势头得到有效遏制，重大生态工程项目区的草原植被状况明显改善。

---

① 数据来源于《2016 年中国国土绿化状况公报》《2017 年中国国土绿化状况公报》。
② 数据来源于《2017 年中国林业发展报告》。
③ 数据来源于《2015 年中国国土绿化状况公报》《2016 年中国国土绿化状况公报》《2017 年中国国土绿化状况公报》。
④ 数据来源于《2016 年中国国土绿化状况公报》。

## （三）发展海洋蓝色碳汇

中国实施了"南红北柳"湿地修复工程、"生态岛礁"工程、"蓝色海湾"整治工程，逐步推进蓝碳试点工作，加强海洋碳汇管理。

# 七、推动落实与强化减缓行动的体制与机制建设

## （一）实施分类指导下的碳排放强度控制

2016 年，中国在综合考虑各省（区、市）发展阶段、资源禀赋、战略定位、生态环保等因素基础上，分类确定了各省（区、市）的"十三五"碳排放强度控制目标，制定了相应的核算和报告办法，并对各省（区、市）目标任务完成落实情况进行考核。2016 年，共 27 个省（区、市）完成了碳排放强度年度下降目标。其他关于国内测量、报告与核查的相关信息参见《中华人民共和国气候变化第一次两年更新报告》。

## （二）支持和鼓励区域碳排放率先达峰

支持优先开发区率先实现碳排放达峰。鼓励其他地区提出峰值目标，明确达峰路线图，在部分发达省市开展碳排放总量控制的探索。鼓励率先达峰和其他具备条件的地区加大减排力度，完善政策措施，力争提前完成达峰目标。目前，中国已有 23 个试点省（区、市）提出在 2030 年前达到二氧化碳排放峰值。

## （三）加强地方及全国碳排放权交易机制的建设

2016 年，7 个省市试点碳市场以及福建二级市场线上线下共成交碳配额现货近6 400 万吨，交易金额约 10.45 亿元[①]。《"十三五"规划纲要》明确要求，要推动建设全国统一的碳排放交易市场，实行重点单位碳排放报告、核查、核证和配额管理制度。2017 年 12 月 18 日，应对气候变化主管部门印发了《全国碳排放权交易市场建设方案

---

① 数据来源于《北京碳市场年度报告 2016》《北京碳市场年度报告 2017》。

（发电行业）》，并就全面落实该方案任务要求、推动全国碳排放权交易市场建设做动员部署，标志着全国碳排放交易体系正式启动。

## （四）推进低碳试点和示范的深入发展

进一步推进低碳发展专项试点相关工作，2017 年启动了第三批 45 个低碳城市试点[①]，低碳省市试点已达 87 个，已批复 51 个国家低碳工业园区试点实施方案和 8 个低碳城（镇）试点，省级低碳社区试点超过 400 个，陕西、广东和浙江等地启动了省级近零碳排放区示范工程的工作，气候投融资试点逐步深入，碳捕集、利用与封存试验示范稳步推进。

## （五）国际市场机制

中国清洁发展机制网的清洁发展机制（CDM）项目数据库[②]显示，截至 2016 年年底，国家发展和改革委员会批准的全部 CDM 项目为 5 074 项，估计年减排量约为 7.82 亿吨二氧化碳当量。截至 2016 年 8 月 23 日，已获得核证减排量（Certified Emission Reduction，CERs）签发的全部 CDM 项目 1 557 项，估计年减排量约为 3.58 亿吨二氧化碳当量。

---

① 国家发展和改革委员会，《关于开展第三批国家低碳城市试点工作的通知》，2017 年。
② 数据库地址：http://cdm.ccchina.org.cn/NewItemTable.aspx。

# 第三章　重点减缓行动效果分析

中国政府通过法律、行政、技术和市场等多种手段，积极探索适合中国国情的低碳发展新模式。在中国政府的高度重视下，减缓气候变化的政策行动取得了实质性进展，调整能源结构和节能降耗方面取得显著成效，碳排放强度明显下降，温室气体排放总量得到有效控制，经核算，2016 年单位国内生产总值二氧化碳排放同比下降 6.1%。

## （一）节能减碳成效显著

在中央和地方财政的支持下，节能降耗行动取得积极成效，2016 年单位 GDP 能耗同比下降 5.0%，2016 年节能超过 2 亿吨标准煤。经初步核算，相当于减排约 4.9 亿吨二氧化碳。

## （二）结构降碳贡献突出

在目标导向作用下，2016 年，中国非化石能源占能源消费总量比重升至 13.3%，其中非化石能源发电装机容量 5.9 亿千瓦，占总装机容量的 35.7%，比 2015 年提高 1.6 个百分点，非化石能源发电量 1.7 万亿千瓦时，比 2015 年增加了 0.19 万亿千瓦时，天然气占能源消费总量比重由 2015 年的 5.9% 上升到 6.2%。经初步核算，分别实现减排 1.12 亿吨和 0.08 亿吨二氧化碳。

详细的减缓行动及效果分析见表 3-6。部分政策措施的详细描述或信息可参见同时提交的《中华人民共和国气候变化第三次国家信息通报》。

表 3-6　减缓行动及效果汇总

| 序号 | 行动名称 | 行动目标或主要内容 | 覆盖部门/温室气体 | 时间尺度 | 行动性质 | 监管部门 | 状态 | 进展信息 | 方法学和假设 | 预估减排效果[1] | 获得支持 |
|---|---|---|---|---|---|---|---|---|---|---|---|
| 1 | 中国全社会减缓行动 | 2020年单位国内生产总值二氧化碳排放比2005年下降40%~45% | 各个部门/能源活动/二氧化碳 | 2006—2020年 | 强制/政府 | 国家发展和改革委员会 | 执行中 | 2016年单位国内生产总值二氧化碳排放比2015年下降6.1% | 按分行业分品种煤炭、石油、天然气消费量乘以相应平均排放因子算 $CO_2$ 排放量 | — | 中央财政、地方财政支持等 |
| 优化能源结构 | | | | | | | | | | | |
| 2 | 发展非化石能源 | 2016年非化石能源消费比重提高到13%左右;到2020年,非化石能源占能源消费总量比重达到15%左右 | 二氧化碳等 | 2016—2020年 | 强制/政府 | 国家能源局、国家发展和改革委员会及其他相关部门 | 执行中 | 2016年非化石能源占能源消费总量比重约为13.3%,比2015年提高约1.2个百分点 | 减排量=(当年非化石能源消费总量×2015年非化石能源占比)×2014年能源消费综合排放因子2.14 t $CO_2$/tce | 2016年完成减排1.1亿 $tCO_2$ | 中央财政、地方财政支持等 |
| 3 | 发展天然气 | 2016年天然气消费比重提高到6.3%左右;到2020年,天然气占能源消费总量比重达到10%以上 | 二氧化碳等 | 2016—2020年 | 政府 | 国家能源局、国家发展和改革委员会及其他相关部门 | 执行中 | 2016年,天然气消费总量占能源消费总量的由2015年的5.9%上升到6.2% | 减排量=(当年天然气消费量×2015年天然气能源消费占比)×(2014年能源消费综合排放因子2.14 $tCO_2$/tce-天然气排放因子1.56 $tCO_2$/tce) | 2016年完成减排0.08亿 $tCO_2$ | — |

| 序号 | 行动名称 | 行动目标或主要内容 | 覆盖部门/温室气体 | 时间尺度 | 行动性质 | 监管部门 | 状态 | 进展信息 | 方法学和假设 | 预估减排效果1 | 获得支持 |
|---|---|---|---|---|---|---|---|---|---|---|---|
| 4 | 控制煤炭消费 | 2016年煤炭消费比重下降到63%以下；到2020年，煤炭占能源消费总量比重达到58%以下 | 二氧化碳等 | 2016—2020年 | 政府 | 国家能源局、国家发展和改革委员会及其他相关部门 | 执行中 | 2016年，煤炭占能源消费总量比重由2015年的63.7%下降到62% | 减排效果通过非化石能源、天然气等替代煤炭计算 | 实际减排效果来自非化石能源、天然气等低碳能源的替代（不再重复计算） | 中央财政、地方财政支持等 |
| 5 | 开发水电 | 2020年水电总装机容量达到3.8亿kW，年发电量1.25万亿kW·h | 二氧化碳等 | 2016—2020年 | 强制/政府 | 国家能源局、国家发展和改革委员会及其他相关部门 | 执行中 | 2016年，水电（含抽蓄）装机容量为33 207万kW，发电11 748亿kW·h | 减排量=（当年水电发电总量）× 2015年水电占比× 2015年电力排放因子0.610 1 t $CO_2$/MW·h | 2016年完成减排0.04亿t$CO_2$ | 中央财政、地方财政支持等 |
| 6 | 发展风电 | 2016年全国风电开发建设总规模3 083万kW；到2020年，风电累计并网装机容量确保达到2.1亿kW以上 | 二氧化碳等 | 2016—2020年 | 强制/政府 | 国家能源局、国家发展和改革委员会及其他相关部门 | 执行中 | 2016年，风电（并网）装机容量14 747万kW，发电2 409亿kW·h | 减排量=（当年风电发电总量）× 2015年风电占比× 2015年电力排放因子0.610 1 t $CO_2$/MW·h | 2016年完成减排0.28亿t$CO_2$ | 中丹项目支持成立国家可再生能源中心（CNREC） |

| 序号 | 行动名称 | 行动目标或主要内容 | 覆盖部门/温室气体 | 时间尺度 | 行动性质 | 监管部门 | 状态 | 进展信息 | 方法学和假设 | 预估减排效果[1] | 获得支持 |
|---|---|---|---|---|---|---|---|---|---|---|---|
| 7 | 发展太阳能发电 | 2016年新增光伏电站建设规模1810万kW；到2020年，太阳能发电装机达1.1亿kW以上，其中光伏发电装机达到1.05亿kW以上 | 二氧化碳等 | 2016—2020年 | 强制/政府 | 国家能源局、国家发展和改革委员会及其他相关部门 | 执行中 | 2016年，太阳能发电（并网）装机容量为7631万kW，发电665亿kW·h | 减排量=（当年太阳能发电量—当年发电总量×2015年太阳能发电占比）×0.610 tCO$_2$/MW·h | 2016年完成减排0.15亿tCO$_2$ | 中央财政、地方财政支持等 |
| 8 | 发展核电 | 到2020年，核电运行和在建装机将达到8800万kW | 二氧化碳等 | 2016—2020年 | 政府 | 国家能源局、国家发展和改革委员会及其他相关部门 | 执行中 | 2016年，核电装机容量为3364万kW，发电2132亿kW·h | 减排量=（当年核发电总量—当年发电总量×2015年核电发电占比）×2015年电力排放因子0.610 t CO$_2$/MW·h | 2016年完成减排0.20亿tCO$_2$ | 中央财政、地方财政支持等 |
| 节能与提高能效 | | | | | | | | | | | |
| 9 | 中国全社会节能行动 | 2016年，单位GDP能耗同比下降3.4%以上；2020年单位GDP能耗比2015年下降15% | 各个部门/二氧化碳 | 2016—2020年 | 强制/政府 | 国家发展和改革委员会及其他相关部门 | 已完成 | 2016年单位GDP能耗比2015年下降了5.0%，2016年节能源消费综合能超过2亿t标准煤 | 碳排放量=节能量×2014年能源消费综合排放因子2.14 tCO$_2$/tce | 2016年减约4.9亿t CO$_2$ | 中央财政、地方财政支持等 |

| 序号 | 行动名称 | 行动目标或主要内容 | 覆盖部门/温室气体 | 时间尺度 | 行动性质 | 监管部门 | 状态 | 进展信息 | 方法学和假设 | 预估减排效果[1] | 获得支持 |
|---|---|---|---|---|---|---|---|---|---|---|---|
| 10 | 合同能源管理推广工程 | 推行合同能源管理，发展节能服务产业，"十三五"时期形成 8 000 万 t 标准煤的节能能力 | 节能服务业/二氧化碳等 | 2010 年至今 | 政府 | 国家发展和改革委员会及其他相关部门 | 执行中 | 2016 年实现节能能力 3 579 万 t 标准煤 | — | 2016 年实现二氧化碳减排能 9 590 万 t[2] | 中央财政、地方财政支持等 |
| 11 | 工业部门节能行动 | 到 2020 年，单位工业增加值（规模以上）能耗比 2015 年下降 18% | 工业/二氧化碳等 | 2016—2020 年 | 政府 | 国家发展和改革委员会、工业和信息化部及其他相关部门 | 执行中 | 2016 年单位工业增加值能耗比 2015 年累计下降约 6.4%，2016 年节能约 1.9 亿 t 标准煤 | 碳排放量=节能量×2014 年能源消费综合排放因子 2.14 tCO$_2$/tce | 2016 年减排 4.1 亿 tCO$_2$ | 中央财政、地方财政支持等 |

注：1. "减排量"相互有叠加，不能累加。

2. 数据来源于中国节能协会节能服务产业委员会《2016 节能服务产业发展报告》。此处的减排量是直接引用了数据来源的计算结果。

第四部分

资金、技术和能力建设及获得的资助

作为一个发展中国家，中国始终注重提高社会经济发展的质量，积极促进生态文明建设和绿色低碳转型，在应对气候变化的资金投入、技术研发及推广扩散和能力建设等方面都做出了艰苦的努力，但与全面落实应对气候变化战略目标和国家自主贡献所面临的资金、技术和能力建设需求相比，仍存在较大的缺口，与发达国家提供的支持相比，无论在覆盖范围还是在规模力度上均存在很大的差距，有必要进一步加强这一领域的后续行动。

# 第一章　应对气候变化资金需求及获得的资助

## 一、中国应对气候变化的资金需求

为有效履行《公约》下的义务、积极落实国家适当减缓行动和国家自主决定贡献（NDCs）的目标任务，中国需要在发达国家的支持下进一步加大减缓和适应气候变化的资金投入。

### （一）中国减缓气候变化的资金需求

根据国家气候战略中心的测算，2016—2030 年中国实现减缓目标和任务的累计资金需求约为 32 万亿元（2015 年不变价），年均约为 2.1 万亿元，其中新增节能投资需求约为 13 万亿元，低碳能源投资需求约为 17.6 万亿元，森林碳汇投资需求约为 1.3 万亿元。

### （二）中国适应气候变化的资金需求

根据国家气候战略中心的测算，2016—2030 年中国实现国家自主贡献适应目标的资金需求约为 24 万亿元，年均约为 1.6 万亿元。

### （三）中国履约的总资金需求

综合来看，中国到 2030 年履约的总资金需求规模将达约 56 万亿元，年均约为 3.7 万亿元，相当于 2016 年中国全社会固定资产投资总额的 6.3%。同时，随着应对气候变化力度的提高和面临的气候变化风险的增加，年均应对气候变化资金的需求也将呈现出加速增长的态势。

# 二、中国获得的国际气候资金支持

## （一）从《公约》下资金机制获得的资金支持

2010—2016 年，中国获得全球环境基金（GEF）赠款支持的气候变化领域国别项目共计 19 个，合同金额总计为 1.32 亿美元，主要涉及能效提升、低碳交通、建筑节能、低碳城市示范等领域。具体项目支持情况见表 4-1。

此外，中国尚未从绿色气候基金（GCF）获得资助。

表 4-1　中国从《公约》下资金机制获得的资金支持　　　　　单位：万美元

| | 项目名称 | 资金来源 | 合同金额 | 项目周期 |
|---|---|---|---|---|
| 1 | 中国燃料电池汽车联合示范项目 | GEF | 823 | 2016—2020 年 |
| 2 | 促进半导体照明市场转化推广节能环保新光源项目 | GEF | 624 | 2016—2020 年 |
| 3 | 浙江省绿色物流平台协作示范工程项目 | GEF | 291 | 2016—2020 年 |
| 4 | 通过国际合作促进中国清洁绿色低碳城市发展 | GEF | 200 | 2016—2017 年 |
| 5 | 中国高效电机促进项目 | GEF | 350 | 2015—2020 年 |
| 6 | 中国森林可持续管理、提高森林应对气候变化适应力项目 | GEF | 715 | 2015—2021 年 |
| 7 | 气候智慧型主要粮食作物生产 | GEF | 510 | 2014—2019 年 |
| 8 | 气候变化第三次国家信息通报 | GEF | 728 | 2014—2018 年 |
| 9 | 中国城市建筑节能与可再生能源应用项目 | GEF | 1 200 | 2013—2018 年 |
| 10 | 工业供热系统和高耗能特种设备能效促进项目 | GEF | 538 | 2014—2018 年 |
| 11 | 河北省节能减排促进项目 | GEF | 365 | 2013—2018 年 |
| 12 | 江西吉安可持续城市交通项目 | GEF | 255 | 2014 年— |
| 13 | 江西抚州城市基础设施综合改善项目 | GEF | 255 | 2013 年— |
| 14 | 可再生能源规模化发展项目二期 | GEF | 2 728 | 2013—2018 年 |
| 15 | 上海发展绿色能源建设低碳城区 | GEF | 435 | 2013—2018 年 |
| 16 | 缓解城市交通拥堵，减少温室气体排放项目 | GEF | 1 818 | 2013—2018 年 |
| 17 | 中国城市群综合交通发展战略研究与试点项目 | GEF | 480 | 2011—2016 年 |
| 18 | 中国工业企业能效促进项目 | GEF | 400 | 2011—2016 年 |
| 19 | 应对气候变化的技术需求评估项目 | GEF | 500 | 2012—2016 年 |
| | 总计 | — | 13 215 | — |

数据来源：财政部。

## （二）从多边机构获得的资金支持

中国政府高度重视与亚洲开发银行（ADB）、欧洲投资银行（EIB）等多边机构的合作。2010—2016 年，中国同亚洲开发银行达成技术援助项目 23 个，合同金额总计为 1 815 万美元；同其他多边机构达成技术援助项目 1 个，合同金额为 800 万美元。总计 24 个项目，资金额度为 2 615 万美元。具体项目支持情况见表 4-2。

表 4-2　中国从多边机构获得的资金支持　　单位：万美元

|  | 项目名称 | 资金来源 | 资金额度 | 项目周期 |
|---|---|---|---|---|
| 1 | 京津冀区域绿色融资平台能力建设项目 | ADB | 50 | 2016—2018年 |
| 2 | 南南合作伙伴推广项目 | ADB | 40 | 2015—2019年 |
| 3 | 京津冀区域落实气候与空气质量目标成本节约型政策开发项目 | ADB | 83 | 2016—2018年 |
| 4 | 陕西能效和环境改善融资项目 | ADB | 60 | 2015—2016年 |
| 5 | 中国西部地区可持续和气候适应型土地管理研究 | ADB | 525 | 2015—2019年 |
| 6 | 开发促进电力部门需求侧管理的创新型融资机制和激励政策 | ADB | 70 | 2015—2017年 |
| 7 | 实现 2020 年低碳目标的战略分析和政策建议 | ADB | 95 | 2014—2016年 |
| 8 | 改善中国制造业能源利用效率、排放控制和合规管理项目 | ADB | 35 | 2014—2016年 |
| 9 | 青岛智慧低碳区域能源项目 | ADB | 60 | 2014—2016年 |
| 10 | 河北省强化分布式可再生能源利用能力建设项目 | ADB | 30 | 2014—2015年 |
| 11 | 内蒙古自治区呼和浩特市低碳区供暖改造项目 | ADB | 60 | 2013—2016年 |
| 12 | 提高宁波市低碳发展能力项目 | ADB | 50 | 2013—2015年 |
| 13 | 化学制品行业提高能效和减排项目 | ADB | 70 | 2013—2016年 |
| 14 | 甘肃金塔集中式太阳能发电项目 | ADB | 55 | 2013—2015年 |
| 15 | 甘肃省强化实现新能源城市能力建设项目 | ADB | 75 | 2012—2015年 |
| 16 | 通过碳排放交易体系推动上海市碳市场试点工作 | ADB | 50 | 2012—2014年 |
| 17 | 通过强化能效标识制度推广节能产品项目 | ADB | 40 | 2012—2014年 |
| 18 | 强化中国低碳发展的能源制度体系项目 | ADB | 72 | 2012—2015年 |
| 19 | 天津市碳交易试点开发项目 | ADB | 75 | 2012—2013年 |
| 20 | 黑龙江省能源节约型区域供暖项目 | ADB | 55 | 2011—2013年 |
| 21 | 陕西省能效和环境改善项目 | ADB | 55 | 2011—2013年 |

| | 项目名称 | 资金来源 | 资金额度 | 项目周期 |
|---|---|---|---|---|
| 22 | 天津市能源节约推广项目 | ADB | 40 | 2010—2013 年 |
| 23 | 青海省可再生能源开发项目 | ADB | 70 | 2010—2012 年 |
| 24 | 中国市场伙伴准备基金项目 | PMR | 800 | 2014—2018 年 |
| | 总计 | — | 2 615 | — |

数据来源：世界银行、亚洲开发银行官网以及财政部，考虑到重复计算问题，资金来源于 GEF 但由世界银行执行的项目未列其中。

同时，2010—2016 年，14 个省（区、市）还从世界银行和亚洲开发银行获得累计 40.8 亿美元的优惠贷款，主要用于城市可持续发展、可持续交通体系构建和清洁能源供给等领域的 43 个项目。具体项目支持情况见表 4-3。

表 4-3    中国从多边机构获得的优惠贷款项目支持    单位：$10^6$ 美元

| | 项目名称 | 资金来源 | 资金额度 | 项目周期 |
|---|---|---|---|---|
| 1 | 宁波可持续城镇化项目 | WB | 150 | 2016—2021 年 |
| 2 | 河北大气污染防治项目 | WB | 500 | 2016—2018 年 |
| 3 | 华夏银行大气污染防治项目 | WB | 500 | 2016—2022 年 |
| 4 | 河北省清洁供热示范项目 | WB | 100 | 2016—2021 年 |
| 5 | 河北农村新能源开发项目 | WB | 72 | 2015—2020 年 |
| 6 | 中国气候智慧型农业项目 | WB | 25 | 2014—2020 年 |
| 7 | 上海建筑节能和低碳城区建设示范项目 | WB | 100 | 2013—2018 年 |
| 8 | 辽宁沿海经济带城市基础设施和环境治理项目 | WB | 150 | 2013—2018 年 |
| 9 | 中国能效融资项目 | WB | 100 | 2011 年— |
| 10 | 京津冀地区排放治理政策改革项目 | ADB | 300 | 2015—2017 年 |
| 11 | 江西吉安可持续城市交通项目 | ADB | 120 | 2015—2020 年 |
| 12 | 内蒙古自治区呼和浩特市低碳供暖项目 | ADB | 150 | 2015—2020 年 |
| 13 | 新疆阿克苏城市综合发展及环境改善项目 | ADB | 150 | 2016—2021 年 |
| 14 | 安徽多式联运可持续交通项目 | ADB | 100 | 2014—2021 年 |
| 15 | 青海德令哈太阳能集中供热项目 | ADB | 150 | 2014—2019 年 |
| 16 | 湖北宜昌可持续城市交通项目 | ADB | 150 | 2014—2018 年 |
| 17 | 黑龙江节能示范区供暖项目 | ADB | 150 | 2013—2018 年 |
| 18 | 河北能效提高和温室气体减排项目 | ADB | 100 | 2014—2018 年 |

| | 项目名称 | 资金来源 | 资金额度 | 项目周期 |
|---|---|---|---|---|
| 19 | 江西可持续森林生态系统项目 | ADB | 40 | 2011—2017 年 |
| 20 | 河南信阳风力发电项目 | EIB | 64 | 2009—2010 年 |
| 21 | 海南东方风力发电项目 | EIB | 27 | 2009—2010 年 |
| 22 | 广东湛江灯楼角风力发电项目 | EIB | 27 | 2009—2010 年 |
| 23 | 广东湛江勇士风力发电项目 | EIB | 27 | 2009—2010 年 |
| 24 | 内蒙古碳汇林示范项目 | EIB | 27 | 2011—2015 年 |
| 25 | 江西生物质能源林示范项目 | EIB | 27 | 2009—2013 年 |
| 26 | 四川地震灾后恢复重建项目 | EIB | 85 | 2009—2013 年 |
| 27 | 山东济南热电联产综合节能改造项目 | EIB | 33 | 2015—2017 年 |
| 28 | 湖北宜昌小水电发展项目 | EIB | 28 | 2009—2012 年 |
| 29 | 中国奥华化工集团公司节能减排项目 | EIB | 71 | 2010—2013 年 |
| 30 | 辽宁林业项目 | EIB | 32 | 2014—2017 年 |
| 31 | 湖南油茶发展项目 | EIB | 37 | 2015—2019 年 |
| 32 | 黑龙江哈尔滨既有建筑节能改造项目 | EIB | 53 | 2013—2015 年 |
| 33 | 新疆乌鲁木齐既有公共建筑节能改造项目 | EIB | 43 | 2015—2018 年 |
| 34 | 重庆林业发展项目 | EIB | 32 | 2015—2019 年 |
| 35 | 区域林业项目（国家林业局打捆珍稀树种） | EIB | 107 | 2015—2019 年 |
| 36 | 山东省沿海防护林工程建设项目 | EIB | 35 | 2015—2019 年 |
| 37 | 山西省沿黄河流域生态恢复林业项目 | EIB | 27 | 2015—2019 年 |
| 38 | 福建省林业项目 | EIB | 32 | 2016—2020 年 |
| 39 | 河南固始县生物质热电联产项目 | EIB | 32 | 2014—2017 年 |
| 40 | 山东潍坊供热制冷节能减排改造项目 | EIB | 41 | 2015—2017 年 |
| 41 | 贵州省黔东南州森林可持续经营项目 | EIB | 27 | 2016—2020 年 |
| 42 | 江西省鄱阳湖流域森林质量提升示范项目 | EIB | 27 | 2016—2020 年 |
| 43 | 黑龙江省北方特殊林木可持续培育项目 | EIB | 27 | 2016—2020 年 |
| | 总计 | — | 4 075 | — |

数据来源：财政部和亚洲开发银行官网；为统一核算口径，按照 2015 年汇率折算成美元，2015 年美元兑欧元汇率为 0.937。

## （三）从双边渠道获得的资金支持

中国还致力于同《公约》附件二缔约方在气候变化和绿色低碳发展领域开展务实合作，与欧盟、法国、德国、意大利、挪威、丹麦、瑞士等多个国家和地区在碳市场、能效、低碳城市和适应气候变化等领域开展了卓有成效的合作项目，合同金额总计为9.97 亿美元，见表 4-4。

表 4-4　中国获得应对气候变化双边合作项目支持情况　　单位：万美元

| | 项目名称 | 资金来源 | 资金额度 | 项目周期 |
|---|---|---|---|---|
| 1 | 中瑞低碳城市示范项目 | 瑞士 | 693 | 2015—2019 年 |
| 2 | 中欧碳交易能力建设项目 | 欧盟 | 534 | 2014—2017 年 |
| 3 | 中欧低碳生态城市合作项目 | 欧盟 | 999 | 2014—2017 年 |
| 4 | 重庆市、广东省低碳产品认证项目 | 欧盟/UNDP | 96 | 2013—2014 年 |
| 5 | 中意应对气候变化培训研讨项目 | 意大利 | 299 | 2012—2017 年 |
| 6 | 中国基于"十二五"的适应气候变化战略应用研究 | 挪威 | 10 | 2010—2016 年 |
| 7 | 中挪生物多样性与气候变化项目 | 挪威 | 232 | 2011—2014 年 |
| 8 | 中丹可再生能源发展项目 | 丹麦 | 1 430 | 2009—2013 年 |
| 9 | 山西晋中集中供热 | 法国 | 2 988 | 2010 年— |
| 10 | 山西太原集中供热 | 法国 | 4 269 | 2010 年— |
| 11 | 湖北武汉公共建筑节能 | 法国 | 2 134 | 2010 年— |
| 12 | 湖北襄阳小水电 | 法国 | 2 241 | 2010 年— |
| 13 | 山东济南集中供热 | 法国 | 4 269 | 2012 年— |
| 14 | 湖南林业可持续经营 | 法国 | 3 266 | 2013 年— |
| 15 | 黑龙江伊春热电联产 | 法国 | 3 735 | 2014 年— |
| 16 | 山东青岛高新区冷热电联产 | 法国 | 2 134 | 2016 年— |
| 17 | 山东淄博中心城区供热 | 法国 | 2 732 | 2016 年— |
| 18 | 中德建筑节能领域关键参与者能力建设项目 | 德国 | 208 | 2013—2016 年 |
| 19 | 中国公共建筑节能项目 | 德国 | 320 | 2011—2015 年 |
| 20 | 建筑节能与气候保护：中国北方既有居住建筑采暖能耗基准线研究项目 | 德国 | 213 | 2010—2013 年 |
| 21 | 青岛市开源集团徐家东山集中供热 | 德国 | 3 821 | 2011 年— |

| | 项目名称 | 资金来源 | 资金额度 | 项目周期 |
|---|---|---|---|---|
| 22 | 四川林业可持续经营管理 | 德国 | 1 067 | 2011 年— |
| 23 | 吉林通化市既有建筑节能改造 | 德国 | 3 882 | 2012 年— |
| 24 | 河北唐山市保障性安居工程既有居住建筑节能改造 | 德国 | 2 455 | 2012 年— |
| 25 | 甘肃天水市东区集中供热 | 德国 | 1 654 | 2012 年— |
| 26 | 甘肃武威市城区供热 | 德国 | 7 150 | 2013 年— |
| 27 | 内蒙古呼和浩特市城发公司桥靠和三合村热源厂区域集中供热 | 德国 | 3 735 | 2013 年— |
| 28 | 甘肃临夏市城区集中供热 | 德国 | 4 269 | 2014 年— |
| 29 | 山西平遥县和祁县集中供热工程 | 德国 | 38 815 | 2014 年— |
| | 总计 | — | 99 650 | — |

数据来源：双边渠道下获得的资金数据来源主要在《中华人民共和国第一次两年更新报告》的基础上更新。部分暂时无法获取具体项目信息和资助金额的支持项目暂未列入本表，其中欧盟、挪威、丹麦、瑞士支持分别以欧元、挪威克朗、丹麦克朗和瑞士法郎支付。为统一核算口径，按照 2015 年汇率折算成美元，2015 年美元兑欧元汇率为 0.937，美元兑挪威克朗汇率为 8.392，美元兑丹麦克朗汇率为 6.991，美元兑瑞士法郎汇率为 1.001。

### （四）存在的问题和挑战

**1．发达国家资金支持规模不足，难以弥补我国应对气候变化的资金缺口**

2016—2030 年除国内公共和私营部门投入外，中国仍面临每年平均约 1.3 万亿元的资金缺口。自 2010 年以来，中国从《公约》下的资金机制、多边和双边渠道获得的赠款和优惠贷款总额仅为 52 亿美元左右，应对气候变化若主要靠国内投入，仍将无法满足日益增长的应对气候变化资金需求。发达国家应该进一步扩大资助规模，为中国应对气候变化提供充足的资金支持。

**2．获得的国际资金支持主要投入减缓领域，缺少对适应项目的有力支持**

中国无论是从《公约》下的资金机制，还是从多边、双边渠道获得的支持项目，大部分资金都是针对减缓领域，而适应领域的支持项目数量很少、资金规模也小。中国适应气候变化的任务繁重，对适应领域的资金需求不断加大，而获取的援助资金与实际需求的差距，进一步凸显出中国对适应援助资金需求的紧迫性。

# 第二章　应对气候变化技术需求及获得的支持

## 一、中国应对气候变化的技术需求

基于第二次国家信息通报提出的技术需求，清华大学等研究机构利用世界银行实施的中国应对气候变化技术需求评估项目，结合中国近期出台的应对气候变化相关技术战略规划与行动方案，对中国应对气候变化的技术需求进行了更新。

### （一）减缓方面技术需求

虽然中国减缓方面的技术已经取得了一些进步，但边际减排成本仍然较高。以煤炭为主要能源的消费结构长时间内不会有根本性改变，高参数大容量超超临界发电技术、燃气—蒸汽联合循环发电技术等是中国目前关键的减缓技术。此外，高效、稳妥、安全地发展核电，加强核电设备研发和制造能力，加快页岩气技术研究和可再生资源开发，对优化能源结构、提高能源效率、推动节能减排和促进经济社会发展具有重大战略意义。因此，先进核电技术、页岩气压裂和水平井开采技术、二次再热发电技术、海上风电技术、薄膜光伏电池技术等是中国紧迫的技术需求。另外，钢铁行业、交通运输行业、建筑材料行业、化工行业都是重要的基础工业，其能耗的降低对中国低碳发展起到关键作用，其中电动汽车和航空发动机等领域的关键核心技术、货运运输组织模式优化技术、道路运输企业能耗监测与统计分析技术、熔融还原炼铁技术、水泥窑炉智能优化控制系统技术、高含二氧化碳天然气制甲醇技术、无二氧化碳排放型粉煤加压输送技术等都是优先需求的技术。详细清单参见表4-5。

表 4-5　优先减缓技术需求清单

| 部门/行业 | 技术类型 | 核心技术及其描述 |
|---|---|---|
| 能源 | 1 000 MW 高参数大容量超超临界发电技术 | 配套锅炉、汽轮机的设计与制造：主要技术设备为高参数大容量超超临界锅炉与汽轮机。锅炉可提供蒸汽压力大于 30 MPa、温度大于 620℃的高效率工质 |
| | 燃气—蒸汽联合循环发电技术（150 MW 级） | 燃气轮机生产的核心部件如高温零部件、控制系统、转子等：低热值煤气燃气—蒸汽联合循环（CCPP）发电系统是将钢铁企业高炉等副产煤气从钢铁能源管网输送经除尘器净化后，再经加压后与空气过滤器净化及加压后的空气混合进入燃气轮机燃烧室内混合燃烧，高温高压烟气直接在燃气透平内膨胀做功并带动空气压缩机与发电机完成燃机的单循环发电 |
| | 页岩气开发技术 | 页岩气开发中的设备与技术：二氧化碳增强页岩气技术（$CO_2$-ESGR）是指利用 $CO_2$ 在页岩储层孔隙中极好的流动性以及更易于被页岩基质所吸附的特性，将其注入页岩储层中将页岩气驱赶和替换出来，从而提高页岩气采收率和日产量，同时利用储层封存 $CO_2$ 的过程 |
| | 核能发电技术 | 核电设备研发与制造技术：通过研制核电关键设备和关键部件大锻件，掌握大型不锈钢锻件的冶炼、锻造、加工及弯制成型等关键技术 |
| | 汽轮机系统改造 | 汽轮机设计与制造：通过采用先进的汽轮机设计（包括叶片线型及级数），改进汽机结构，提高汽轮机气缸密闭性，提高汽轮机效率 |
| 可再生能源 | 海上风电技术 | 直驱电机、双馈电机柔性齿轮箱、海上风机基础、海底电缆设计铺设技术、风机抗台风技术等：在相同高度，离岸 10 km 的海上风速通常比陆上的高 25%。海上风湍流强度小，具有稳定的主导风向，机组承受的疲劳负荷较低，使得风机寿命更长；风切变小，因而塔架可以较低。同时，由于中国沿海地区普遍属于经济发达地区，海上风电靠近负荷中心 |
| | 薄膜光伏电池技术 | 薄膜电池采用透明的导电氧化物薄膜（TCO）玻璃基板、效率在 10%以上的薄膜电池产业化制造技术（溅射技术）等：用硅量极少，更容易降低成本，同时它既是一种高效能源产品，又是一种新型建筑材料，更容易与建筑完美结合。薄膜电池具有一个独特的优势，就是受阴影影响的功率损失较小 |
| 钢铁行业 | 熔融还原炼铁技术（包括 COREX、FINEX 技术） | COREX C-3000 核心技术：炉料结构的改进、竖炉的操作、气流分布的调整、设备的改进与维修、COREX 的长寿、炉前作业的优化等技术与方法。FINEX 核心技术：①铁矿石流态化床还原工艺；②部分还原铁压块装入熔融气化炉的工艺；③煤的加入方法；④煤气中 $CO_2$ 脱除装置。FINEX 工艺是对 COREX 工艺的较大改进和持续技术创新，尤其是粉煤利用技术和煤气循环利用技术的开发及应用，大大提升了该工艺的技术竞争力。现有 COREX 工艺必须解决竖炉大型化后的设计问题和竖炉与气化炉连接环节的顺行问题，并在用煤资源拓展、粉煤利用、入炉燃料质量和燃料结构优化以及煤气高质量利用等方面进行较大改进创新，大幅降低原燃料和铁水成本，才能提高其竞争力 |

| 部门/行业 | 技术类型 | 核心技术及其描述 |
|---|---|---|
| 建筑材料行业 | 水泥窑炉智能优化控制系统 | 生活垃圾入窑前的预处理热工设备：利用模糊逻辑、神经网络、遗传优化等先进算法，建立水泥窑炉煅烧相关模型，根据原燃料特性与生产工况，智能调试生产控制参数，稳定生产工况，降低煅烧热耗 |
| 交通运输行业 | 电动汽车 | 电池成组技术：电动车是指以车载电池为动力输出，用电机驱动车轮行驶，符合道路交通、安全法规和国家标准各项要求的乘用车辆 |
| | 航空发动机 | 航空发动机节能改造：通过飞机发动机节能改装可以大幅提高发动机寿命、降低飞机维修成本及航空煤油的燃油消耗量 |
| | 货运运输组织模式优化技术 | 主要采用 GPRS、GPS 和车载终端相结合的信息化技术，进行车辆的实时调度、监控、管理和货运的集货、装载、统一调配等，根据车辆特性、货源情况、运营线路，科学利用甩挂运输等高效运输组织方式，优化运输模式，实现货运车辆实载率和运行效率的提升 |
| | 道路运输企业能耗监测与统计分析技术 | 主要利用车载终端采集发动机运行数据、车辆状况信息、驾驶员驾驶行为及 GPS 卫星定位信息，并实时传输至数据处理中心。数据处理中心将接收到的海量数据实时分析整理，为企业运营管理、驾驶员管理、车辆油耗定额制定、车辆匹配等各环节提供翔实的量化数据 |
| 民用住宅和商业建筑行业 | 泡沫材料和纤维素材料用外层绝热、膨胀防火涂料 | 石墨改性可发性聚苯乙烯：石墨改性可发性聚苯乙烯是石墨聚苯板的原材料，由德国化工企业 BASF 最早发明，有悬浮聚合法生产和挤出聚合法生产两种工艺。石墨改性可发性聚苯乙烯由于添加了红外吸收剂能更好吸收、反射热辐射，从而极大地提高材料的保温隔热性能 |
| | 高效节能窗户用自膨胀密封带 | 高效节能门窗配件的材料与制造工艺：用于门窗和墙体接缝的密封、窗台板与外墙外保温系统的密封以及穿透构件与保温层之间的密封，具有防风、防水、气密、隔音的效果 |
| | 新风与排风热回收高效热湿交换膜 | 新风与排风热回收高效热湿交换膜：该技术材料能够实现其两侧气流间进行较高效率（75%以上）的热湿交换，同时两气流不会发生渗混、污染等情形，并且具有抑菌抗菌功能。该材料可应用于住宅和商业建筑空调系统的室外新风与室内排风间热回收处理，回收排风热量，对新风进行预热加湿（冬季）或预冷除湿（夏季）处理，降低空调系统负荷，提高系统运行能效 |
| 废弃物处理行业 | 焚烧厂—发电厂之燃气—蒸汽联合循环系统（WtE-GT） | 内燃机、汽轮机和微型汽轮机：将垃圾焚烧电厂和天然气电厂组合运行，利用燃气轮机排出的尾气进一步提高垃圾焚烧余热锅炉产出蒸汽的温度，可以实现提高垃圾焚烧全厂热效率的目的 |
| | 再热循环（reheat cycle）系统 | 再热循环系统：在垃圾焚烧发电厂中，锅炉过热器把饱和蒸汽加热成过热蒸汽；过热蒸汽通过过热蒸汽出口进入汽轮机高压缸进行做功；高压缸的排气经过管路再次进入锅炉，通过设置于其中的再热器进行加热，从而提高温度及焓值；再加热后的蒸汽通过再热器出口管路进入低压缸再次做功；再次做功后的低压缸排气进入凝汽器，形成凝结水；给水泵将凝结水循环进入锅炉内 |

| 部门/行业 | 技术类型 | 核心技术及其描述 |
|---|---|---|
| 化工行业 | 高含 $CO_2$ 天然气制甲醇技术 | 顶烧转化炉（水冷列管式甲醇反应器系统）：采用高含 $CO_2$、$N_2$ 的天然气为原料，其中 $CO_2$ 和 $N_2$ 各在 20% 以上，甲烷不足 60%。LURGI 专有的最具代表性的水冷列管式甲醇反应器系统，热回收效率最高、床层温度分布最均匀、副产物最少、装卸催化剂最为简便、操作控制最为简单、在同类型单台反应器产能最大 |
| | 无 $CO_2$ 排放型粉煤加压输送技术 | 高压动态密封技术及密封材料和高密度输送技术：传统的粉煤加压输送技术及系统采用锁斗加压、气力输送的方法。该过程需要消耗并放空大量的 $CO_2$，且有能耗大、速度慢、装备尺寸超高等问题，使用新型粉煤加压输送系统，可有效避免 $CO_2$ 的排放 |

## （二）适应方面技术需求

中国适应方面的技术需求与其他发展中国家相比有诸多相似之处，其中农业领域存在最多数量的技术需求，农业节水技术、农业抗逆品种选育技术、农艺节水技术等是中国农业目前需要的适应性技术。水资源行业技术需求则偏向于现代技术，如太阳能光伏提水灌溉系统节水技术，而灾害预警偏向于高新技术，如气候及气候变化综合影响评估技术、气象资料再分析技术等。在城市规划和发展完善基础设施等方面目前需要海绵城市规划与实用技术、城市绿地布局优化技术、屋顶绿化技术、透水路面应用技术等适应性技术来提高城市适应气候变化能力。详细清单参见表 4-6。

表 4-6　优先适应技术需求清单

| 行业 | 子行业 | 核心技术及其描述 |
|---|---|---|
| 农业森林和生态环境 | 农业节水技术 | 可降解的地膜生产技术：可降解的覆盖保墒材料包括光降解和生物降解类型的地膜。可降解地膜的主要作用是提高地温、蓄水保墒、减少土壤水分蒸发、改善土壤理化性质、抑制杂草、提高植物光合效率，从而提高成活率和促进幼苗生长 |
| | 农业抗逆品种选育技术 | 抗虫棉、水稻抗稻瘟、小麦抗赤霉病、小麦玉米抗旱等育种技术：利用已经识别的基因进行定向设计和构建具有特定性状的新物种的工作。例如，将抗棉铃虫的毒素基因植入棉花的基因组种子中，可以产生具有抗虫特性的棉花。农民在种植这种棉花时可以不施或少施农药，不仅可以保护环境，而且可以提高农民的收入 |

| 行业 | 子行业 | 核心技术及其描述 |
|------|--------|------------------|
| 农业森林和生态环境 | 森林生态系统 | 北方针叶林适应气候变化的采伐管理技术，采用景观干扰模型LANDIS-II，制定森林管理的气候变化适应性措施，针对木材采伐利用设置不同的适应性森林管理方案：①规模控制措施。通过采伐形成不同空间位置和规模的林窗，目的在于使林龄结构与种群多样化，提高对气候变化的抵抗力。②林龄控制措施。针对已经达到成熟的林分进行采伐，通过促进和加快更新达到森林顶级群落，来提高森林抵抗气候变化可能影响的能力。③组成控制措施。根据树种对气候变化的响应程度和管理价值的模拟结果，决定树种的采伐或保留。④权衡森林商品和服务供给能力的适应性森林管理技术。采用基于过程的森林模型（Land Clim），分析不同气候变化和不同管理情景下的森林动态与商品和服务功能，分析木材生产和森林多样性之间的内在关联性，以及最具价值商品与服务能力 |
| | 水源工程建设 | 太阳能光伏提水灌溉节水技术：光伏提水是将太阳的辐射能转变成电能，再由电能驱动水泵来达到扬水之功效。太阳能光伏提水系统由光电池、控制器、光伏水泵组成 |
| 城市 | 发展完善基础设施 | ①海绵城市规划与实用技术：编制全流程规划，通过"渗、滞、蓄、净、用、排"等多种技术途径，实现城市良性水文循环，提高对径流雨水的渗透、调蓄、净化、利用和排放能力。我国在海绵城市全流程规划方法、具体的低影响开发（LID）项目设计上，与国外存在较大差距。②长距离高扬程大流量引水工程关键技术：利用一级泵站代替国内传统上多采用多级逐步抬升的方式，降低能耗与建设投资，其中高扬程大流量泵为关键制备。③屋顶绿化技术：通过屋顶植物类别配置、防止植物根系穿刺等技术提高植物抗风性，增强结构顶板荷载，对建筑物起到隔热保温的作用以及减缓地表径流。④透水路面应用技术：通过铺装透水性材料（如透水沥青、透水混凝土、多孔草皮和开放连接砌块作为铺装表面材料），提高地表径流的下渗量。同时配备定期路面维护，以保持路面的有效排水性能 |
| | 城市规划 | 城市绿地布局优化技术：通过基础数据库建立、软件数字平台模拟、推导生成优化策略，将微气候策略落实到不同层级、不同尺度的城市绿地空间中，形成有效的城市通风廊道的一种技术 |
| 灾害预警与天气监测 | 影响评估与适应 | 气候及气候变化综合影响评估技术：研究气候变化的自然过程、生物过程以及人类活动过程的相互作用，涉及意义重大的跨学科协作，特别是自然—社会—经济各种关系和反馈的气候变化综合评估模型（Integrated Assessment Model，IAM） |
| | 资料分析 | 气象资料再分析技术（含大气再分析全球产品和区域产品）：利用数值天气预报资料同化系统，在过去天气演变数字化的"现实"中，开展各种模式试验和诊断分析，对不同的模拟工具进行对比等，帮助人们了解大气运动的方式、认识不同时空尺度内气候变化和变率 |

## 二、中国获得的技术支持

中国通过国际合作开展了一系列应对气候变化技术开发与转让的相关能力建设活动，但从总体上看，这些活动主要集中在先进技术的可行性、能力建设或激励政策等方面的研究，仍然缺乏针对具体需求技术的实质性转让项目。中国等发展中国家有在《公约》下获得技术转让和支持的急迫需求，但却面临着发达国家国内政策和技术封锁的障碍。中国已开展了多轮的技术需求评估，但获得的实际支持却仍然不足。

# 第三章 应对气候变化能力建设需求及获得的支持

## 一、中国应对气候变化的能力建设需求

### （一）减缓气候变化方面的能力建设需求

编制温室气体清单、增强温室气体排放统计和考核能力是重要的基础性工作，也是存在较大能力建设需求的领域。一是中国温室气体清单编制常态化工作体系尚未健全，目前仍以项目方式组织和开展国家温室气体清单编制工作，如需建立起一套完善、稳定和高效的清单编制工作机制，还面临着资金、人员和政府间协调等多方面的能力建设挑战。二是中国温室气体排放源与汇的种类繁杂、地区与行业间排放差别较大，面临着提高地方温室气体清单编制方面的能力建设需求，需要通过加强排放因子和参数的本地化研究来减少地方活动水平数据、排放因子计算的不确定性。三是中国还需通过合作交流与人员培训来提高来自统计机构、企业及各基层单位等参与清单编制人员的技术水平和工作能力。

中国地方政府在应对气候变化和低碳发展的试点方面开展了不少探索，但相较于发达国家的省州和地区仍然存在较大的能力建设需求。中国地方政府需要获得支持以提高低碳发展的系统设计和战略规划能力，并进一步提高低碳发展的科技支撑能力，完善低碳发展领域的政策体系，加快地方立法进度，加强人才队伍建设，提高低碳发展的技术研发能力。

中国在市场机制和推动企业参与减排方面也存在较大能力建设需求。中国在2017年启动了全国碳排放权交易体系，但仍需要进一步探索建立符合中国国情和发展需要，可覆盖钢铁、电力、化工、建材、造纸和有色金属等重点工业部门的碳排放权交易制度，能提高数据报送、注册登记、交易细则制定、交易制度完善等方面的能力

建设，提高地方主管部门、重点排放单位、第三方核查机构中参与碳市场建设的技术人员能力。

## （二）适应气候变化方面的能力建设需求

为有效降低气候变化的影响、增强适应气候变化的能力，中国在适应气候变化领域存在较大的能力建设需求。一是中国需要提高基础设施建设、运行、调度、养护和维修的能力，提高农业、水资源、生态系统以及城市、人类健康、重大工程等敏感脆弱领域和行业中适应气候变化的能力。二是中国需要提高气候灾害综合监测与预警、预报和服务的能力，加强气候变化科学研究、观测和影响评估，加强应对极端天气和气候事件的能力建设，降低极端事件的灾害风险。三是中国需要通过开展国际合作与交流开发气候变化适应性项目，提高在节水灌溉农业、水资源配置和海岸带综合管理和防护等受气候变化影响的关键行业或领域中开展跨学科集成研究的能力。

## （三）应对气候变化在教育、培训与公众意识提高方面的能力建设需求

加强应对气候变化的教育、宣传与培训，提高公众意识和公众参与能力，既是转变传统生产方式和消费方式的需求，也是履行《公约》的要求。一是中国在应对气候变化在教育、培训与公众意识提高方面存在较大的能力建设需求，需要进一步营造政府引导、企业参加和公众自愿行动的社会氛围，增强企业的社会责任感，提高公众意识和公众参与能力。二是中国需要继续拓展和完善应对气候变化在教育、培训和公众意识提高等方面的手段，多方面扩展公众参与的途径，努力提高全民应对气候变化的意识。三是中国需要加强专家和科研机构的参与，通过国际合作开展对政府官员、企业管理人员、媒体从业人员及相关专业人员应对气候变化的意识和工作能力，促进媒体报道的客观性和持续性，提升公众对全球气候变化问题的认知水平和采取应对行动的积极性。

## 二、中国获得的能力建设支持

中国从《公约》下资金机制获得的能力建设支持包括中国第三次信息通报和两年更新报告准备项目、中国小水电项目的升级能力等；从多边机构获得的能力建设支持包括中国市场伙伴准备基金项目、中国技术需求评估项目、京津冀区域绿色融资平台能力建设项目、提高宁波市低碳发展能力项目等；中国获得应对气候变化双边能力建设合作项目支持包括中欧碳交易能力建设项目、中意应对气候变化培训研讨项目、中德建筑节能领域关键参与者能力建设项目等。目前中国获得的能力建设支持仍然较为有限，无法满足日益增长的落实政策和行动的需求。

香港是中国特别行政区，是一个气候温和、资源短缺、人口密度较高、服务业高度发展和充满活力的城市，也是举世知名的国际金融、贸易和航运中心。

# 第一章　2014 年香港温室气体清单

香港温室气体清单的编制参考了《1996 年 IPCC 清单指南》《IPCC 优良作法指南》和《2006 年 IPCC 清单指南》。报告的年份为 2014 年，报告范围包括能源活动、工业生产过程、农业活动、土地利用变化和林业与废弃物处理等领域。估算的温室气体包括二氧化碳、甲烷、氧化亚氮、氢氟碳化物、全氟化碳及六氟化硫等种类。

## 一、温室气体清单综述

2014 年香港温室气体净排放总量约为 4 454.7 万吨二氧化碳当量（包括土地利用变化和林业），其中土地利用变化和林业碳吸收汇约为 45.2 万吨二氧化碳当量。在不包括土地利用变化和林业的情况下，香港温室气体的排放总量约为 4 499.9 万吨二氧化碳当量，其中二氧化碳约为 4 116.2 万吨，甲烷约为 237.6 万吨二氧化碳当量，氧化亚氮约为 36.8 万吨二氧化碳当量，氢氟碳化物约为 102.2 万吨二氧化碳当量，六氟化硫约为 7.0 万吨二氧化碳当量（表 5-1）。表 5-2 列出了 2014 年分部门的二氧化碳、甲烷和氧化亚氮清单。表 5-3 列出了 2014 年含氟气体的清单。

表 5-1　2014 年香港温室气体总量　　　　单位：万 t 二氧化碳当量

| | 二氧化碳 | 甲烷 | 氧化亚氮 | 氢氟碳化物 | 全氟化碳 | 六氟化硫 | 合计 |
|---|---|---|---|---|---|---|---|
| 能源活动 | 4 059.7 | 4.0 | 15.7 | | | | 4 079.4 |
| 工业生产过程 | 54.9 | NE | NE | 102.2 | 0.0 | 7.0 | 164.1 |
| 农业活动 | | 1.2 | 1.8 | | | | 3.1 |
| 废弃物处理 | 1.5 | 232.5 | 19.4 | | | | 253.4 |
| 土地利用变化和林业 | −45.2 | NE | NE | | | | −45.2 |

| | 二氧化碳 | 甲烷 | 氧化亚氮 | 氢氟碳化物 | 全氟化碳 | 六氟化硫 | 合计 |
|---|---|---|---|---|---|---|---|
| 总量（不包括土地利用变化和林业） | 4 116.2 | 237.6 | 36.8 | 102.2 | 0.0 | 7.0 | 4 499.9 |
| 总量（包括土地利用变化和林业） | 4 070.9 | 237.6 | 36.8 | 102.2 | 0.0 | 7.0 | 4 454.7 |

注：1. 阴影部分不需填写。

　　2. 由于四舍五入的原因，表中各分项之和与总计可能有微小的出入。

　　3. NE（未估算）表示对现有源排放量和汇清除量没有估计。

　　能源活动是香港温室气体的主要排放源。2014 年能源活动温室气体排放量占总排放量的 90.65%，其他依次为废弃物处理、工业生产过程和农业活动排放，所占比重分别为 5.63%、3.65% 和 0.07%。图 5-1 列出了香港温室气体排放部门构成。

　　二氧化碳排放是香港温室气体的主要排放源。2014 年二氧化碳的排放量占总排放量的 91.47%，其他依次为甲烷、含氟气体和氧化亚氮，所占比重分别为 5.28%、2.43% 和 0.82%（图 5-2）。

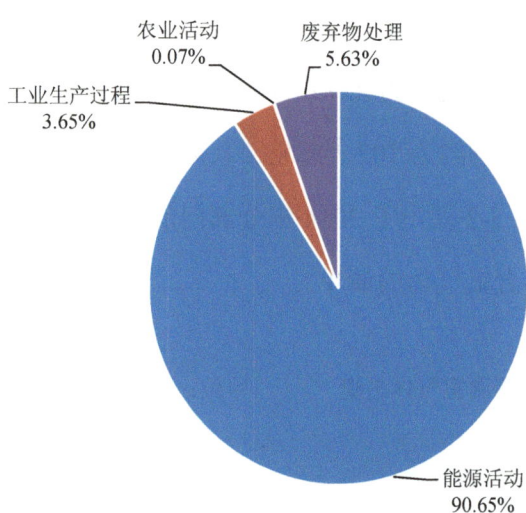

图 5-1　2014 年香港温室气体排放部门构成　　图 5-2　2014 年香港温室气体排放种类构成

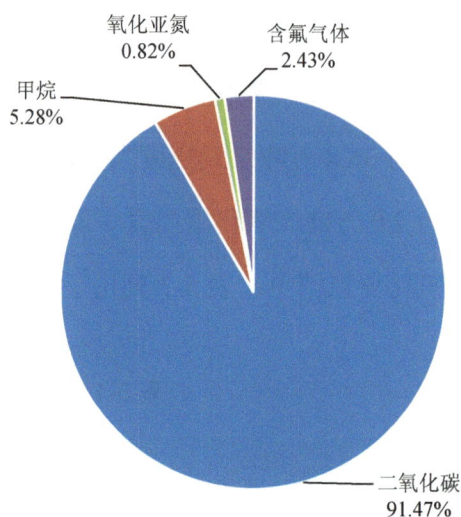

　　2014 年特殊地区航线和国际燃料舱的温室气体排放约为 3 947.4 万吨二氧化碳当量，其中特殊地区航海和航空运输排放 1 113.9 万吨二氧化碳当量，国际航海和航

空运输排放 2 833.6 万吨二氧化碳当量，上述排放均作为信息项单列，不计入香港的排放总量。

表 5-2　2014 年香港二氧化碳、甲烷和氧化亚氮排放量　　　　单位：万 t

| 温室气体排放源与吸收汇种类 | $CO_2$ | $CH_4$ | $N_2O$ |
| --- | --- | --- | --- |
| 总量（不包括土地利用变化和林业） | 4 116.17 | 11.31 | 0.12 |
| 总量（包括土地利用变化和林业） | 4 070.94 | 11.31 | 0.12 |
| 1. 能源活动 | 4 059.73 | 0.19 | 0.05 |
| —燃料燃烧 | 4 059.73 | 0.07 | 0.05 |
| ◆能源工业 | 3 109.46 | 0.06 | 0.04 |
| ◆制造业和建筑业 | 67.39 | 0.00 | 0.00 |
| ◆交通运输 | 730.65 | 0.00 | 0.01 |
| ◆其他行业 | 152.22 | 0.00 | 0.00 |
| —逃逸排放 | | 0.12 | |
| ◆油气系统 | | 0.12 | |
| ◆煤炭开采 | | NO | |
| 2. 工业生产过程 | 54.90 | NE | NE |
| 3. 农业活动 | | 0.06 | 0.01 |
| —动物肠道发酵 | | 0.02 | |
| —动物粪便管理 | | 0.04 | 0.00 |
| —水稻种植 | | NO | |
| —农用地 | | NO | NO |
| —限定性热带草原烧荒 | | 0.00 | 0.00 |
| 4. 土地利用变化和林业 | −45.22 | NE | NE |
| —森林和其他木质生物质储量变化 | −45.22 | | |
| —森林转化 | NE | NE | NE |
| 5. 废弃物 | 1.54 | 11.07 | 0.06 |
| —固体废物处理 | 1.54 | 10.58 | NO |
| —废水处理 | | 0.48 | 0.06 |
| 信息项 | | | |
| —特殊地区航空 | 185.34 | 0.01 | 0.01 |
| —特殊地区航海 | 917.33 | 0.08 | 0.02 |

| 温室气体排放源与吸收汇种类 | CO$_2$ | CH$_4$ | N$_2$O |
|---|---|---|---|
| —国际航空 | 1 310.24 | 0.01 | 0.04 |
| —国际航海 | 1 495.38 | 0.14 | 0.04 |

注：1. 阴影部分不需填写。

2. 由于四舍五入的原因，表中各分项之和与总计可能有微小的出入。

3. 0.00 表示计算结果小于 0.005 万 t 二氧化碳当量。

4. NO（未发生）表示在境内没有发生的温室气体排放和汇清除，NE（未估算）表示对现有源排放量和汇清除没有估计。

5. 信息项不计入排放总量。

6. 特殊地区航空及特殊地区航海指香港与内地之间的航空及航海。

表 5-3    2014 年香港含氟气体排放量        单位：万 t 二氧化碳当量

| 温室气体排放源与吸收汇类别 | HFC$_S$ | | | | | PFC$_S$ | | SF$_6$ | 合计 |
|---|---|---|---|---|---|---|---|---|---|
| | HFC-32 | HFC-125 | HFC-134a | HFC-143a | HFC-227ea | CF$_4$ | C$_2$F$_6$ | | |
| 总排放量 | 0.53 | 3.07 | 92.00 | 1.00 | 5.59 | 0.0 | 0.0 | 7.02 | 109.21 |
| 1. 能源活动 | | | | | | | | | |
| 2. 工业生产过程 | 0.53 | 3.07 | 92.00 | 1.00 | 5.59 | 0.0 | 0.0 | 7.02 | 109.21 |
| —非金属矿物制品 | | | | | | | | | |
| —化学工业 | | | | | | | | | |
| —金属冶炼 | | | | | | NO | NO | | |
| —卤烃和六氟化硫生产 | NO | NO | NO | NO | NO | NO | NO | NO | NO |
| —卤烃和六氟化硫消费 | 0.53 | 3.07 | 92.00 | 1.00 | 5.59 | 0.0 | 0.0 | 7.02 | 109.21 |
| 3. 农业活动 | | | | | | | | | |
| 4. 土地利用变化和林业 | | | | | | | | | |
| 5. 废弃物处理 | | | | | | | | | |

## 二、能源活动

### （一）报告范围

能源活动的报告范围主要包括燃料燃烧和逃逸排放，燃料燃烧为能源工业、制造业和建筑业、交通运输和其他行业化石燃料燃烧的二氧化碳、甲烷和氧化亚氮排放，逃逸排放为油气系统的甲烷逃逸排放。

### （二）编制方法

能源活动排放计算主要依据《2006 年 IPCC 清单指南》，火力发电的二氧化碳、甲烷和氧化亚氮排放采用层级 3 方法估算。煤气生产的二氧化碳排放采用层级 2 方法估算，甲烷和氧化亚氮排放采用层级 1 方法估算。填埋气体作为能源用途的二氧化碳排放采用层级 2 方法估算，甲烷和氧化亚氮排放采用层级 1 方法估算。制造和建筑业及其他行业的二氧化碳排放采用层级 2 方法估算，甲烷和氧化亚氮排放采用层级 1 方法进行估算。

对于本地航空、本地水运、铁路、非道路和道路运输等移动源的二氧化碳、甲烷和氧化亚氮排放，采用层级 1 方法和层级 2 方法估算。

特殊地区运输是指出发地为香港，目的地为中国内地其他地区的航空及海上运输活动；国际运输是指出发地为香港，目的地为中国内地以外其他地区的航空及海上运输活动。特殊地区及国际航空的二氧化碳、甲烷和氧化亚氮排放采用层级 3 方法（a）估算，特殊地区及国际海运的二氧化碳、甲烷和氧化亚氮排放采用层级 1 方法估算。

除燃气管道输送的甲烷逃逸排放采用层级 1 方法估算外，其他甲烷逃逸排放均采用层级 3 方法估算。

### （三）温室气体排放

2014 年能源活动温室气体排放量约为 4 079.4 万吨二氧化碳当量，占香港排放总量的 90.65%，其中二氧化碳排放量为 4 059.7 万吨，甲烷和氧化亚氮排放量分别为 4.0 万吨二氧化碳当量和 15.7 万吨二氧化碳当量。能源活动排放的二氧化碳量占二氧化碳排放总量的 98.63%。

2014 年能源活动排放中，能源工业（发电及煤气生产）排放 3 109.5 万吨二氧化碳当量，占 76.53%；交通运输排放 730.7 万吨二氧化碳当量，占 18.01%；其他行业（包括商业和住宅）排放 152.5 万吨二氧化碳当量，占 3.74%；制造业和建筑业部门排放 67.7 万吨二氧化碳当量，占 1.66%；甲烷逃逸排放约 2.4 万吨二氧化碳当量，约占 0.06%。

# 三、工业生产过程

## （一）报告范围

工业生产过程的报告范围主要包括水泥生产过程中的二氧化碳排放，制冷、空调和灭火设备中氢氟碳化物和全氟化碳排放，以及电气设备的六氟化硫排放。

## （二）编制方法

基于香港熟料产量和相关资料，采用《1996 年 IPCC 清单指南》层级 2 方法，并同时参考《2006 年 IPCC 清单指南》中的相关参数，计算水泥生产过程的二氧化碳排放；巴士、铁路列车空调和大型商业、政府建筑空调以及工业制冷的氢氟碳化物排放采用《2006 年 IPCC 清单指南》层级 2 方法（b）估算；汽车、货车空调和工商业楼宇空调以及家用、商业制冷氢氟碳化物的排放采用层级 2 方法（a）估算；溶剂的全氟化碳排放采用《2006 年 IPCC 清单指南》层级 1 方法估算；灭火设备的氢氟碳化物和全氟化碳排放采用《2006 年 IPCC 清单指南》层级 1 方法（a）估算；电气设备应用的六氟化硫排放采用《2006 年 IPCC 清单指南》层级 3 方法估算。

## （三）温室气体排放

2014 年工业生产过程温室气体排放量约为 164.1 万吨二氧化碳当量，占香港排放总量的 3.65%，其中水泥生产过程的二氧化碳排放量为 54.9 万吨，制冷和空调、灭火及电气设备使用的氢氟化碳和六氟化硫排放量分别为 102.2 万吨和 7.0 万吨二氧化碳当量，全氟化碳排放为 0。

# 四、农业活动

## （一）报告范围

农业活动的报告范围主要包括牲畜肠道发酵、粪便管理的甲烷和氧化亚氮排放，农业土壤的氧化亚氮排放和草原烧荒的二氧化碳、甲烷和氧化亚氮排放。

## （二）编制方法

肠道内发酵的甲烷排放采用《1996 年 IPCC 清单指南》层级 1 方法，并参考《2006 年 IPCC 清单指南》的缺省排放因子计算；农用地直接和间接氧化亚氮排放采用《2006 年 IPCC 清单指南》层级 1 方法；限定性热带草原烧荒的甲烷和氧化亚氮排放采用《2006 年 IPCC 清单指南》层级 1 方法。

## （三）温室气体排放

2014 年农业活动排放量约为 3.1 万吨二氧化碳当量，占香港排放总量的 0.07%。牲畜的肠道发酵及粪便管理的甲烷和氧化亚氮排放量为 1.6 万吨二氧化碳当量，农业土壤氧化亚氮排放量约为 1.5 万吨二氧化碳当量。

# 五、土地利用变化和林业

## （一）报告范围

土地利用变化和林业活动的报告范围主要包括林地、农田和草地转化所引起的生物量碳储量的变化。

## （二）编制方法

林地、农田和草地转化所引起的生物量碳储量变化的二氧化碳排放采用《2006年IPCC清单指南》层级1方法，并参考相关的排放因子计算；森林和其他木本生物量储量变化的二氧化碳排放或吸收也采用层级1方法估算。

## （三）温室气体吸收

2014年土地利用变化和林业活动为碳汇，净吸收二氧化碳约45.2万吨，全部来自林地及草地转化所引起的森林和其他木质生物量贮量变化的碳吸收。

# 六、废弃物处理

## （一）报告范围

废弃物处理的报告范围主要包括固体废物填埋处理的甲烷排放、生活污水和工业废水处理的甲烷和氧化亚氮排放，以及废弃物焚烧的二氧化碳排放。

## （二）编制方法

废弃物处理排放计算主要是基于《2006年IPCC清单指南》，其中固体废物填埋处理的甲烷排放采用层级2方法估算，废水处理的甲烷和氧化亚氮排放采用层级1方法，废弃物焚烧处理的二氧化碳排放也采用层级 1 方法。

### （三）温室气体排放

2014 年废弃物处理排放量为 253.4 万吨二氧化碳当量，占香港排放总量的 5.63%，其中大部分为甲烷，排放量为 232.5 万吨二氧化碳当量，占香港甲烷排放总量的 97.82%。

## 七、质量保证和质量控制

### （一）清单编制过程中的质量保证和质量控制

为提高清单质量，清单编制机构在清单编制过程中特别注意加强清单编制的质量保证和质量控制工作。主要开展了以下一些活动：

（1）编制指南上，严格按照 IPCC 提供的指南进行编制，以保障清单编制的科学性、可比性和透明性；

（2）在编制方法的选择上，根据资料的可获得性，尽量选用高层级方法进行清单计算，以保障清单结果的准确性；

（3）在活动水平资料的收集和分析过程中，与相关部门密切配合，努力获取权威的第一手官方资料，并有专门的人员管理、校核和检查，以保证所采用资料的可靠性和合理性；

（4）在确定排放因子时，尽量使用符合香港实际情况的排放因子，如没有时则参考 IPCC 指南提供的缺省值，以确保清单结果的准确性。

### （二）清单不确定性分析

根据《2006 年 IPCC 清单指南》的不确定性分析方法，2014 年香港温室气体清单的不确定性约为 4.34%，其中发电过程的燃煤排放是清单编制不确定性的最大来源，主要原因是电厂煤耗的品种和数量等统计数据方面的局限。

# 第二章　减缓行动及其效果

2010 年以来，香港特别行政区政府继续推行减缓温室气体排放的政策措施。2014 年发布的《香港应对气候变化策略及行动纲领》首次提出了温室气体减排的量化目标，即到 2020 年碳排放强度要比 2005 年降低 50%～60%。2017 年 1 月发布的《香港气候行动蓝图 2030+》进一步制定 2030 年碳排放强度比 2005 年水平降低 65%～70%，相当于绝对碳排放量降低 26%～36%、人均碳排放量将降到 3.3～3.8 吨的目标。

为实现上述目标，香港采取了多方面的政策措施。在能源领域，香港逐步减少燃煤发电，新增燃气发电机组，预计到 2030 年前后将淘汰大部分燃煤发电机组；另外香港还大力推广可再生能源，包括引入上网电价，鼓励私营机构及公众投资于分布式可再生能源，对来自可再生能源的电力出售可再生能源证书，协助分布式可再生能源接入电网等。在建筑领域，不断提高建筑物能效，发布实施《建筑物能源效益条例》，为政府建筑物制定明确的节电目标以及为主要政府建筑物开展能源审核；提升电器能效，推行《强制性能源效益标签计划》；开展建筑物温室气体排放核算，发布建筑物碳审计指南。在交通领域，不断扩展铁路网络，当《铁路发展策略 2014》中新规划铁路项目完成后，香港铁路总长度将增至 300 千米以上，目标是把铁路网络覆盖全港约 75%人口居住的地区和约 85%的就业机会，铁路在公共交通工具载客量比重将上升至 45%～50%；大力推广电动汽车的使用，出台包括豁免电动汽车首次登记税等政策措施。在废弃物处理领域，提倡废弃物减量化，鼓励减少废弃物、提倡回收及循环再利用；强化资源回收利用，所有运作中的填埋场均利用填埋气作为燃料生产的能源，供填埋场基础设施使用，同时也为渗滤液处理设施提供热能；加大废弃物资源化，加强对未来废弃物管理及转运设施的规划研究。在植树及市区绿化领域，推动全面和可持续的城市景观设计和树木管理倡议。各领域的具体减缓措施及效果详见表 5-4。

通过实施上述一系列控制温室气体排放的政策和行动，香港控制温室气体的排放取得了明显成效：2005—2016 年，香港人口增长 7.7%，本地生产总值每年实质平均增长 3.3%，单位本地生产总值二氧化碳排放下降 29%左右，2016 年人均温室气体排放量维持在 5.7 吨二氧化碳当量左右。

表5-4　香港减缓行动计划一览

| 序号 | 行动名称 | 行动目标或主要内容 | 覆盖部门/温室气体 | 时间尺度 | 行动性质 | 监管部门 | 状态 | 进展信息 | 方法学和假设 | 预估减排效果 | 获得支持 |
|---|---|---|---|---|---|---|---|---|---|---|---|
| 1 | 《香港气候行动蓝图2030+》 | 特区政府在2017年1月公布《香港气候行动蓝图2030+》（以下简称《行动蓝图2030+》），制定到2030年的新目标：特区碳排放强度比2005年水平降低65%～70%，相等于绝对碳排放量降低26%～36%，而特区人均碳排放量将降至3.3～3.8 t的范围。除上述减碳目标外，《行动蓝图》还包括减缓、适应及应变方面各项主要措施的详情 | 所有部门 二氧化碳 | 2017—2030年 | 强制/政府 | 环境局 | 执行中 | 2016年单位本地生产值二氧化碳排放比2005年下降了29% | 碳排放强度下降率=（1－目标年碳排放强度/基年碳排放强度）×100% | — | 香港特别行政区政府 |
| 提高能源 | | | | | | | | | | | |
| 2 | 《香港都市节能蓝图2015—2025+》 | 这是香港首份都市节能蓝图，分析本地使用能源的情况及制定相关政策、策略、目标及主要行动计划，以配合香港实现节约能源的新目标 | 所有部门 二氧化碳 | 2015—2025年 | 强制/政府 | 环境局 | 执行中 | 电力需求减少 | 减排量=节能量×排放因子 | 预计到2025年减排量为140万t/a | 香港特别行政区政府 |
| 3 | 《建筑物能源效益条例》 | 《建筑物能源效益条例》涵盖照明、空调、升降机及自动梯装置，并就这些装置的最低能源表现标准做出规范，该守则会定期每三年检查一次，以紧贴技术发展 | 建筑/二氧化碳 | 2012年至今 | 强制/政府 | 机电署 | 执行中 | 电力需求减少 | 减排量=节能量×排放因子 | 预计到2025年减排量为140万吨/年（到2028年减排量为190万t/a） | 香港特别行政区政府 |

| 序号 | 行动名称 | 行动目标或主要内容 | 覆盖部门/温室气体 | 时间尺度 | 行动性质 | 监管部门 | 状态 | 进展信息 | 方法学和假设 | 预估减排效果 | 获得支持 |
|---|---|---|---|---|---|---|---|---|---|---|---|
| 4 | 强制性能源效益标签计划 | 强制性能源效益标签计划当前涵盖八类电器产品，包括空调机、冷冻器具、紧凑型荧光灯（慳电胆）、洗衣机、抽湿机、电视机、储水式电热水器以及电磁炉，占住宅每年用电量约70% | 所有部门/二氧化碳 | 2009年至今 | 强制/政府 | 机电署 | 执行中 | 电力需求减少 | 减排量=节能量×排放因子 | 预计到2025年减排量为68万t/a | 香港特别行政区政府 |
| 5 | 启德发展区的区域供冷系统 | 启德发展区的区域供冷系统是一个大型的中央空调系统，该供冷系统利用海水在中央供冷站制造冷水，并通过地下管道网路输送到启德发展区的用户楼宇，该工程项目合计在2011—2025年分三个阶段实施 | 能源/二氧化碳 | 2011—2025年 | 兴建：强制/政府 使用：自愿/市场 | 机电署 | 执行中 | 电力需求减少 | 减排量=节能量×排放因子 | 当区域供冷系统在2025年全部启用后，预计减排量为6万t/a | 香港特别行政区政府 |
| 6 | 广泛使用较具能源效益的淡水冷却塔水冷式空调系统 | 自2000年推出淡水冷却塔计划至2015年年末，已超过2000座淡水冷却塔建成并已投入运作。据估计，约1500座新建的淡水冷却塔将会于2016—2025年完成。机电署会继续推动广泛使用淡水冷却塔 | 能源/二氧化碳 | 2000年开始 | 自愿/政府 | 机电署/环境局 | 执行中 | 电力需求减少 | 减排量=节能量×排放因子 | 预计到2025年减排量为50万t/a | 香港特别行政区政府 |

转废为能

| 序号 | 行动名称 | 行动目标或主要内容 | 覆盖部门/温室气体 | 时间尺度 | 行动性质 | 监管部门 | 状态 | 进展信息 | 方法学和假设 | 预估减排效果 | 获得支持 |
|---|---|---|---|---|---|---|---|---|---|---|---|
| 7 | 污泥处理设施 | 位于屯门曾咀的专用污泥处理设施第一期已于2015年4月开始运作，该设施采用先进焚化技术处理从污水处理厂产生的污泥淤泥，由焚化过程产生的热能会转化成电力，以完全应付设施的电力需求，并将剩余电力输出至公众电网，作为香港社区的次级电源 | 能源及废物/二氧化碳、甲烷 | 2010年至今 | 强制/政府 | 环保署 | 执行中 | 减少温室气体 | 减排量＝替代化石能源量×排放因子 | 26万t/a | 香港特别行政区政府 |
| 8 | 有机资源回收中心 | 有机资源回收中心第一期于2018年落成启用，该设施采取生物处理技术把工商业界的厨余垃圾转化为有用的资源，例如生物气体及堆肥产品 | 能源及废物/二氧化碳、甲烷、氧化亚氮 | 兴建：政府 2018年开始 使用：自愿/市场/政府 | 环保署 | 执行中 | 减少温室气体 | 减排量＝替代化石能源量×排放因子 | 第一期为2.5万t/a | 香港特别行政区政府 |
| 9 | 综合废物管理设施第1期 | 特区政府正规划兴建综合废物管理设施第1期，该设施将采用先进的转废为能技术，以大幅减缩废物的体积及将废物转化为能源 | 能源及废物/二氧化碳 | 2024年 | 强制/政府 | 环保署 | 执行中 | 减少温室气体 | 减排量＝替代化石能源量×排放因子＋避免填埋气体的产生 | 44万t/a | 香港特别行政区政府 |

澳门是中国特别行政区，是一个气候温和、资源短缺、人口密度高、博彩业高度发展和充满活力的城市，也是世界闻名的旅游和休闲目的地。

# 第一章　2014 年澳门温室气体清单

2014 年澳门温室气体清单主要根据《1996 年 IPCC 清单指南》以及《IPCC 优良作法指南》提供的方法进行编制，个别计算参数及排放因子参考了《2006 年 IPCC 清单指南》的缺省值。根据澳门的实际情况及相关数据的可获得性，2014 年澳门温室气体清单的报告范围主要包括能源活动和城市废弃物处理的温室气体排放，估算的温室气体种类包括二氧化碳、甲烷和氧化亚氮。

## 一、温室气体清单综述

由于澳门的社会和地域特点，其行政区划内仅有能源活动和废弃物处理两个领域的排放。2014 年澳门温室气体排放总量为 109.5 万吨二氧化碳当量（表 6-1），其中能源活动排放占总排放量的 97.8%，废弃物处理排放占总排放量的 2.2%（图 6-1）。2014 年澳门温室气体排放总量中二氧化碳约为 105.4 万吨，约占排放总量的 96.2%；甲烷约为 0.4 万吨二氧化碳当量，约占排放总量的 0.4%；氧化亚氮约为 3.7 万吨二氧化碳当量，约占排放总量 3.4%（图 6-2）。

表 6-1　2014 年澳门温室气体总量　　单位：万 t 二氧化碳当量

| | 二氧化碳 | 甲烷 | 氧化亚氮 | 氢氟碳化物 | 全氟化碳 | 六氟化硫 | 合计 |
|---|---|---|---|---|---|---|---|
| 能源活动 | 105.0 | 0.4 | 1.7 | | | | 107.1 |
| 工业生产过程 | NO | NO | NO | NE | NO | NO | NE/NO |
| 农业活动 | | NO | NO | | | | NO |
| 废弃物处理 | 0.4 | 0.0 | 2.0 | | | | 2.4 |
| 土地利用变化和林业 | NE | NO | NE | | | | NE/NO |
| 总量（不包括土地利用变化和林业） | 105.4 | 0.4 | 3.7 | NO | NO | NO | 109.5 |

| | 二氧化碳 | 甲烷 | 氧化亚氮 | 氢氟碳化物 | 全氟化碳 | 六氟化硫 | 合计 |
|---|---|---|---|---|---|---|---|
| 总量（包括土地利用变化和林业） | 105.4 | 0.4 | 3.7 | NO | NO | NO | 109.5 |

注：1. 由于四舍五入的原因，表中各分项之和与总计可能有微小的出入。

　　2. NO（未发生）表示在境内没有发生的温室气体源排放和汇清除，NE（未估算）表示对现有源排放量和汇清除量没有估计。

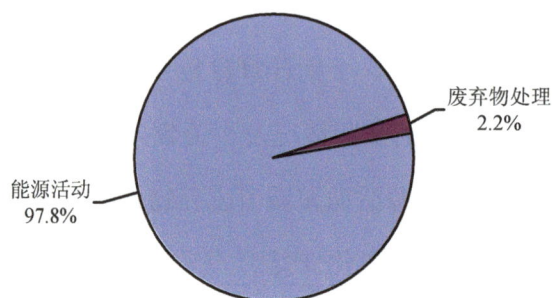

图 6-1　2014 年澳门温室气体排放构成（按部门）

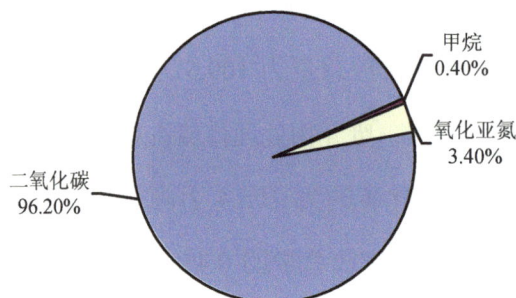

图 6-2　2014 年澳门温室气体排放构成（按气体）

2014 年澳门国际航空及特殊地区航空的温室气体排放约为 56.3 万吨二氧化碳当量，特殊地区航海排放约为 20.5 万吨二氧化碳当量。另外，城市废弃物中生物质燃烧所产生的二氧化碳约为 14.7 万吨。以上活动的温室气体排放量合计约为 91.5 万吨二氧化碳当量，按照相关要求均作为信息项单列，并未列入澳门温室气体排放的总量中。

## 二、能源活动

### （一）报告范围

能源活动温室气体清单编制和报告的范围主要包括能源工业、制造业和建筑业、道路交通的化石燃料燃烧，以及其他行业的二氧化碳、甲烷和氧化亚氮排放。考虑到澳门城市废弃物主要采取焚烧形式处理，焚烧过程中产生的热量会被回收进行发电并输送至本澳电网，故将化石成因废弃物（布料及塑料等）焚烧发电的温室气体排放纳入能源活动的计算中，而城市废弃物中生物质焚烧产生的二氧化碳排放则不计入排放总量，只在信息项中记录。

### （二）编制方法

在能源活动清单中，能源加工转换、制造业和建筑业、其他行业及特殊地区水上运输化石燃料燃烧产生的二氧化碳、甲烷和氧化亚氮排放均采用《1996 年 IPCC 清单指南》方法 1 的部门法来进行估算，而道路交通、国际航空和特殊地区航空的二氧化碳、甲烷和氧化亚氮排放均采用《1996 年 IPCC 清单指南》方法 2 来进行估算。

活动水平数据均为澳门公开发布的统计资料和相关行业信息，部门分类和燃料品种分类与《1996 年 IPCC 清单指南》中的分类方式基本相同。

排放因子主要参考《1996 年 IPCC 清单指南》，若指南中没有时则采用《2006 年 IPCC 清单指南》中提供的缺省值。

### （三）温室气体排放

2014 年澳门能源活动的温室气体排放量约为 107.1 万吨二氧化碳当量，占澳门排放总量的 97.8%，其中二氧化碳排放量为 105.0 万吨，甲烷和氧化亚氮排放量分别为 0.4 万吨二氧化碳当量和 1.7 万吨二氧化碳当量。能源活动的二氧化碳排放量占澳门二氧化碳排放总量的 99.6%（表 6-2）。

**表 6-2　2014 年澳门温室气体清单**　　　　　　　　　　　单位：$10^2$ t

| 温室气体排放源与吸收汇的种类 | $CO_2$ | $CH_4$ | $N_2O$ |
|---|---|---|---|
| 总量（不包括土地利用变化和林业） | 10 539.0 | 2.0 | 1.1 |
| 1. 能源活动 | 10 500.1 | 2.0 | 0.5 |
| 　一燃料燃烧 | 10 500.1 | 2.0 | 0.5 |
| 　　◆能源工业 | 3 046.4 | 0.2 | 0.0 |
| 　　◆制造业和建筑业 | 1 435.9 | 0.0 | 0.0 |
| 　　◆交通运输 | 3 918.0 | 1.5 | 0.5 |
| 　　◆其他行业 | 2 099.8 | 0.3 | 0.0 |
| 　一逃逸排放 | NE | NE | |
| 2. 工业生产过程 | NO | NO | NO |
| 3. 农业活动 | | NO | NO |
| 4. 土地利用变化和林业 | NE | NO | NE |
| 5. 废弃物处理 | 38.9 | 0.0 | 0.6 |
| 　一固体废物处理 | 38.9 | NO | 0.0 |
| 　一废水处理 | | 0.0 | 0.6 |
| 信息项 | | | |
| 　一特殊地区空运 | 3 137.7 | 0.0 | 0.1 |
| 　一特殊地区水运 | 2 049.5 | 0.0 | 0.0 |
| 　一国际空运 | 2 443.7 | 0.0 | 0.1 |
| 　一国际水运 | NO | NO | NO |
| 　一生物质燃烧 | 1 471.1 | | |

注：1. 由于四舍五入的原因，表中各分项之和与总计可能有微小的出入。

　　2. NO（未发生）表示在境内没有发生的温室气体源排放和汇清除，NE（未估算）表示对现有源排放量和汇清除量没有估计。

　　3. 工业生产过程未能收集计算氢氟碳化物、全氟化碳和六氟化硫等相关活动数据，这部分在总计中以未估算表示。

　　4. 燃料的逃逸排放、土地利用变化和林业因统计体系仍在建设中，故未能估算相关排放量。

　　5. 信息项不计入排放总量，其中的生物质燃烧 $CO_2$ 排放只包括生物成因的废弃物燃烧活动。

　　6. 特殊地区水运和特殊地区空运，指澳门往返国内（包括香港和台湾）的航运。

　　2014 年澳门能源活动的排放中，道路运输排放约 41.0 万吨二氧化碳当量，占 38.2%；能源加工转换排放约 30.6 万吨二氧化碳当量，占 28.6%；其他行业（包括商业、饮食业、酒店和住宅）排放约 21.2 万吨二氧化碳当量，占 19.8%；制造业和建筑业的排放约为 14.4 万吨二氧化碳当量，占 13.4%。

## 三、废弃物处理

### （一）报告范围

废弃物处理温室气体清单编制和报告的范围包括城市生活污水处理的甲烷和氧化亚氮排放、固体废物处理造成的二氧化碳和氧化亚氮排放。由于澳门城市生活污水处理都是采用好氧生物法处理，故本次清单中仅报告工业废水处理的甲烷排放。

### （二）编制方法

澳门废弃物处理过程的温室气体排放采用了《1996 年 IPCC 清单指南》提供的方法。

废水处理过程中氧化亚氮排放的活动水平数据为澳门统计局提供的人口数量和联合国粮食及农业组织提供的澳门人均全年蛋白质消耗量，排放因子为 IPCC 缺省值；固体废物处理产生的二氧化碳和氧化亚氮排放直接采用澳门统计局和环境保护局提供的活动水平数据和 IPCC 推荐的排放因子缺省值。

### （三）温室气体排放

2014 年澳门废弃物处理产生的温室气体排放约为 2.4 万吨二氧化碳当量，占澳门排放总量的 2.2%，其中废水处理和固体废物处理的排放分别为 1.9 万吨二氧化碳当量和 0.5 万吨二氧化碳当量，分别占废弃物处理排放量的 79.2%和 20.8%。

## 四、质量保证和质量控制

### （一）减少不确定性的努力

为减少温室气体清单估算结果的不确定性，在清单编制方法方面，澳门清单编制机构采用了《1996 年 IPCC 清单指南》以及《IPCC 优良作法指南》，并参考了《2006 年 IPCC 清单指南》的方法，保证清单编制方法学的科学性、可比性和一致性。在条件允许的情况下，根据所能获得的部门活动水平数据，尽可能地选用高层级方法，例如，道路交通、国际航空和特殊地区航空均采用较为详细的方法 2 来进行估算。在活动水平数据方面，为保证数据的可靠性，尽可能采用经澳门特别行政区政府部门核实过的官方数据，包括来自澳门统计暨普查局、民航局、环境保护局和交通事务局等的政府部门数据。在清单编制过程中，还邀请国家温室气体清单编制团队作为第三方的独立专家对清单进行了评审。

## （二）不确定性分析

尽管澳门清单编制机构在准备 2014 年澳门温室气体清单过程中，在报告范围、清单方法、清单质量等方面做了大量的准备工作，但是澳门温室气体清单仍存在一定的不确定性。

澳门清单编制机构采用《IPCC 优良作法指南》提供的不确定性计算方法 1，以及参考《1996 年 IPCC 清单指南》和《2006 年 IPCC 清单指南》的排放因子不确定性。2014 年澳门温室气体排放总量的不确定性约为 3.2%，其中能源活动和废弃物处理领域的不确定性分别为 3.2% 和 17.4%（表 6-3）。

**表 6-3　2014 年澳门温室气体清单的不确定性分析结果**

| | 排放量/万 t 二氧化碳当量 | 不确定性/% |
|---|---|---|
| 能源活动 | 107.1 | 3.2 |
| 废弃物处理 | 2.4 | 17.4 |
| 总不确定性 | 3.2% | |

## 五、历年澳门温室气体信息

澳门在《中华人民共和国气候变化第二次国家信息通报》中已经报告了 2005 年

澳门温室气体的清单，温室气体排放量为 180.3 万吨二氧化碳当量。2014 年澳门的温室气体排放总量较 2005 年减少约 70.8 万吨二氧化碳当量，下降了 39.3%，其主要原因是外购电力的增加降低了本地区能源活动的排放。

2014 年澳门温室气体清单的编制方法、温室气体排放种类与 2005 年相同。不同之处是在信息项中增加了城市废弃物中生物质燃烧的二氧化碳排放计算。

# 第二章　减缓行动及其效果

2010 年，澳门特别行政区政府提出了"构建低碳澳门，共享绿色生活"的愿景，积极支持和配合国家的应对气候变化政策和行动。为系统地开展澳门环境保护工作，完成控制温室气体排放的目标，澳门在 2010 年制定了《澳门环境保护规划（2010—2020）》，在 2016 年制定了《澳门特别行政区五年发展规划（2016—2020 年）》，明确了积极配合国家绿色发展战略，大力推动绿色、低碳、减排的文明健康生活模式。澳门确定的控制温室气体排放的目标为：2020 年单位澳门本地生产总值温室气体排放比 2005 年的水平降低 40%～45%。

为实现上述目标，澳门采取了一系列的减缓行动。在能源领域，澳门逐步提高天然气发电比例。启动公共天然气管网的建设工程，向居民及学校提供天然气，减少了液化石油气的消费；推广光伏发电等可再生能源，减少了重油的消费，改善了澳门能源消费的结构，由此降低了温室气体的排放。澳门使用天然气发电的比例由 2008 年的 30.9%提高到 2017 年的 52.9%。在交通运输领域，澳门积极减少机场能源消耗与碳排放，实施陆路交通公交优先政策，发展以轻轨为主干的公交路网，推动环保节能车辆的使用。截至 2016 年，累计引入 465 部欧四或欧五标准的环保巴士，较 2015 年增加了 50%。澳门特别行政区政府还全面实施能源管理机制，制订公共部门和机构节能计划，监察和管理能源的使用情况，以提升公共部门的能源效益，实现参与部门的年度能耗减少 5%的目标。逐步实行《LED 路灯更换计划》，于 2016 年及 2017 年，分别在各区安装了超过 1 600 盏 LED 路灯。在推动酒店和旅游业节能方面，自 2007 年开始每年举办"澳门环保酒店奖"，以鼓励酒店及相关产业实现环保、低碳及清洁发展。澳门特别行政区政府持续种植新树木、积极提高澳门的绿化面积比例，增加澳门各区的立体绿化空间。2015 年澳门总绿地面积已经增加到约 866 万米$^2$；2015—2017 年，在公园、休息区及人行道植树超过 1 900 株；在氹仔海滨休息区沿岸种植红树苗超过 1 万株；在路环进行林区改造，增加栽培超过 4 000 株。

通过积极推广环保节能、低碳澳门和绿色生活理念，实施一系列的减排政策及相关措施，澳门 2014 年人均温室气体排放（二氧化碳当量）比 2010 年下降约 21.9%；单位地区生产总值温室气体排放（按二氧化碳当量计）比 2010 年下降约 37.1%。详细的减缓措施及效果见表 6-4。

表 6-4　澳门减缓行动和效果

| 序号 | 行动名称 | 行动目标或主要内容 | 覆盖部门/温室气体 | 时间尺度 | 行动性质 | 监管部门 | 状态 | 进展信息 | 方法学和假设 | 预估减排效果 | 获得支持 |
|---|---|---|---|---|---|---|---|---|---|---|---|
| 1 | 逐步提高天然气发电比例 | 2008年开始引入天然气发电比例 | 能源/$CO_2$ | 2008年至今 | 政府 | 能源业发展办公室 | 执行中 | — | 减排量=（天然气用气量×天然气排放因子）-（天然气发电量×2008-2016年南方电网平均排放因子）基年：2008年 | 2008—2017年第三季共减排温室气体20万t二氧化碳当量 | 澳门特别行政区政府 |
| 2 | 参加国际机场协会机场碳排放认可计划 | 2018年每起降架次的碳排放量比2012年减少20%。通过提高机场的能源和燃油利用效率，加强废弃物管理及可回收，减少机场碳排放 | 能源、废弃物/$CO_2$, $CH_4$, $N_2O$ | 2012—2018年 | 自愿 | 民航局 | 执行中 | — | 每起降架次的碳减排量=当年每起降架次的碳排放量-基年每年每起降架次的碳排放量 基年：2012年 排放源边界：根据机场碳认证指南中二级认证要求，计算直接排放和能源间接排放的排放 | 2017年机场每起降架次的碳排放量比2012年下降28.7% | 澳门国际机场专营股份有限公司，澳门机场管理有限公司和环保节能基金 |
| 3 | 推动环保车辆使用 | 对符合环保排放标准的新机动车辆提供税务优惠。主要目标是鼓励市民使用环保车辆，以减少二氧化碳和尾气污染物排放 | 能源/$CO_2$ | 2012年至今 | 政府/自愿 | 环境保护局负责制定措施和标准，财政局和交通事务局负责执行 | 执行中 | — | 减排量=节油量×汽油碳排放因子 烧二氧化碳 基年：2012年 | 2012—2017年共计减排4万t二氧化碳当量 | 澳门特别行政区政府 |

| 序号 | 行动名称 | 行动目标或主要内容 | 覆盖部门/温室气体 | 时间尺度 | 行动性质 | 监管部门 | 状态 | 进展信息 | 方法学和假设 | 预估减排效果 | 获得支持 |
|---|---|---|---|---|---|---|---|---|---|---|
| 4 | 公共部门/机构能源效益和节约能源计划 | 公共部门机构通过自行制订节能计划，管理日常能源使用情况。公共部门每年能耗减少5% | 能源/$CO_2$ | 2007年至今 | 政府/自愿 | 能源业发展办公室 | 执行中 | 此行动于2007年启动，截至2017年共节省电量1 240万kW·h | 减排量=节电量×2008—2016年南方电网平均排放因子<br>基年：2008年 | 2008—2017年合计减排0.9万t二氧化碳当量 | 澳门特别行政区政府 |
| 5 | LED公共户外照明应用 | 在《澳门公共户外照明设计指引》的基础上，进行LED测试示范项目以明确效果，并计划逐步更换全澳路灯。与更换路灯前相比，节省电量30% | 能源/$CO_2$ | 2010年至今 | 政府 | 能源业发展办公室 | 执行中 | 2013年及2016年分别应用于石排湾公屋及新口岸皇朝区2016年及2017年分别安装在各区区超过1 600盏LED路灯，并继续逐步推动更换澳门约1.4万支路灯 | 减排量=节电量×2010—2016年南方电网平均排放因子<br>基年：2010年 | 2010—2017年共计减排0.1万t二氧化碳当量 | 澳门特别行政区政府 |